古生物終極生存圖鑑

暢銷科普作家　土屋健——著
賴惠鈴——譯
芝原曉彥、單希瑛——審定
田中順也——繪圖

開始之前

「一般的上班族跟學生，可以從古生物或演化的過程中學到『什麼』能運用在公司或學校的東西嗎？」

編輯的這個疑問，開啟了本書的企畫。

我是科普作家，以撰寫科普類文章為業，並不是一般商管書的專家，而且大部分的著作主要都是想傳達「科學很好玩喔」這件事。「古生物學」則是我的專長和主場，到目前為止，我已經在這個主戰場出版超過五十本書。在我自立門戶成為科普作家前，曾經在科學雜誌《牛頓》的編輯部上過班，撰寫、編輯了一千多篇大大小小的報導，也在《牛頓》雜誌擔任過一年半的副總編輯。

我個人其實非常喜歡歷史，喜歡世界史也喜歡日本史。開頭編輯的那句話，聽在熱愛歷史的我耳中，使我聯想到「向歷史學習」的可能。

「古生物」這個詞，指的是早在人類展開文明史之前就存在的生物。牠們留下了化石作為存在過的證據，而學者則藉由分析化石，解開古生物的生態及演進之謎，藉此發掘古生物的「歷史」，也就是所謂的「生命史」。

由此可知，研究古生物的古生物學，也是一門「歷史學」。如同我們向歷史上的偉人及歷史事件中得到許多啟示一樣，應該也能從生命洪流中的古生物身上學到許多東西。

生物死後，需要天時、地利、人和的條件加起來，才能幸運地變成化石。可見變成化石的機率非常低，幾乎微乎其微的可能。從某個角度來說，光是留下化石這件事，就足以證明「牠們成功了」。因為戰勝了同類、得到高於平均的繁榮，才能變成化石，進而呈現在我們這些人類的面前。

有些物種延續了漫長的「命脈」，有些物種則經過長時間的蟄伏，才站在演化的頂點。經由學者研究分析，古生物身上確實有很多現代社會的我們可以效法的特點，而我試著將這些特質集中在本書裡。

希望各位讀者都能輕鬆閱讀這本書，一窺充滿魅力的古生物們。

二〇一九年十二月　科普作家　土屋健

目　次

早起的鳥兒有蟲吃

——豈止是有蟲吃！

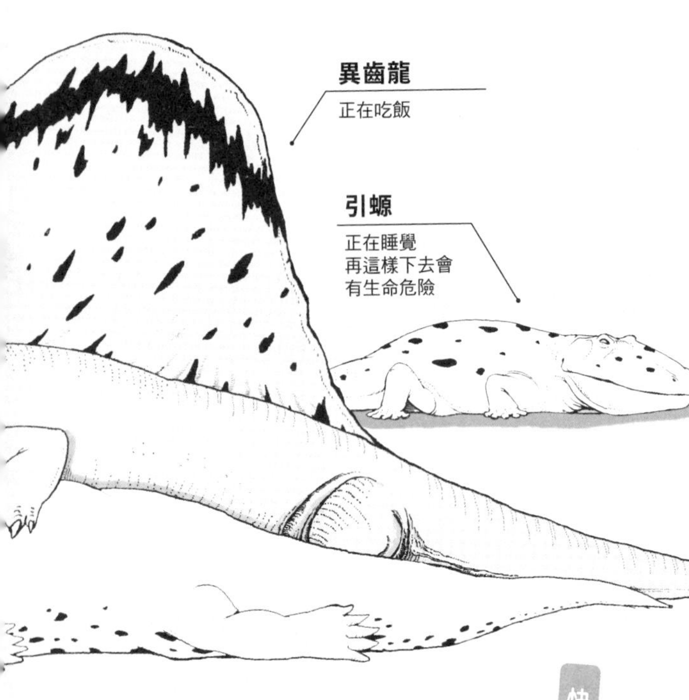

快速認識古生物

異齒龍

- 全長超過三公尺
- 特徵與祕密在背後
- 擅長早起

引螈

- 最強的兩棲類
- 全長兩公尺
- 早上起不來

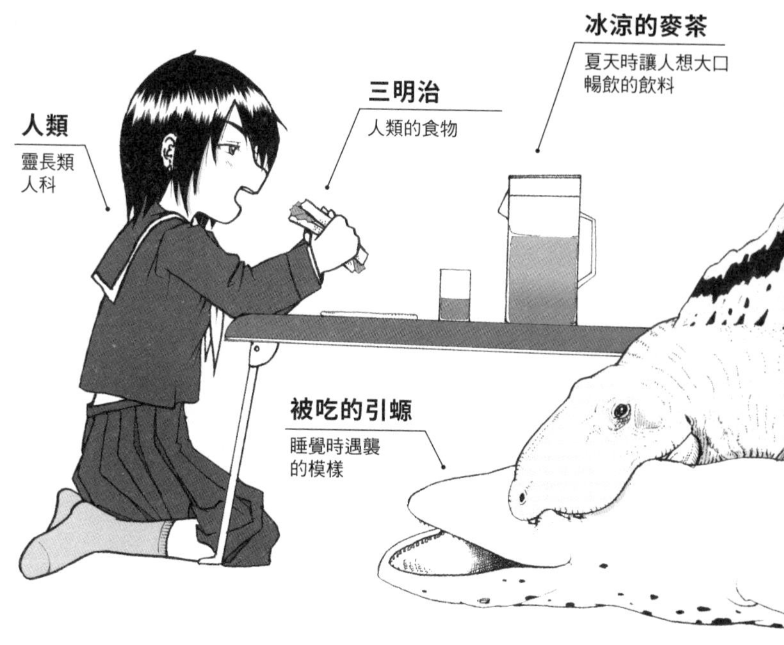

解讀關鍵字

1 單孔類

2 二疊紀

（約兩億九千九百萬年前～兩億五千兩百萬年前）

3 體溫與活動力

就算只有蟲吃，對早起的鳥兒來說也是一項福音。

「早起的鳥兒有蟲吃。」這句家喻戶曉的俗諺，在英文中也有一模一樣的話語：「The early bird catches the worm.」這個觀念可說是放諸四海皆準。

「晨型人」對這句諺語應該更有共鳴。

利用早上還萬籟俱寂的時候，回覆前一天晚上收到的信。

早飯前先完成一點工作再出門上班。

起床後思考今天一整天的行程。

如果是學生，則是上學前先預習當天要上的課。

只要上網搜尋，就可以找到晨型人五花八門的成功範例。實不相瞞，我從考高中以來，基本上就過著日出而作的生活。以前是利用早上這段時間準備考試；之後在科學雜誌《牛頓》擔任副總編輯，會利用這段時間檢查同事前一天晚上寄來的草稿；現在，則會用這段時間回覆各家出版社編輯寄給我的信，或是再檢查一遍前一天寫好的草稿。

個人認為，晨型生活最大的好處在於「可以得到心理上的優勢」。早餐前已經做好一部分的工作，接下來還有漫長的「一整天」。「時間還早」的心情可以讓人好整以暇地面對一整天的工作。

言歸正傳，晨型生活在自然界的優勢，也體現在生存競爭上。趁其他動物還在睡覺的時候開始活動，就可以搶先競爭對手抓到獵物，而且獵物在白天的活動力也比較

低。從這個角度來說，英文的「The early bird catches the worm.」表現得更直接。

古生物中，也有這種善用「早起優勢」的動物。

活在嚴寒時代的親戚

脊椎動物有一個叫「單孔類（綱）」（Synapsida）的類群。

聽起來可能很陌生，但我們哺乳類其實就是單孔類的一支。單孔類的歷史比哺乳類還早一億年以上，早在三億多年前就已經出現在地球上了。

有點年紀的讀者，大概還記得「哺乳類是從爬行動物演化而來」的說法。然而現在科學的主流觀點認為，哺乳類和爬行動物在演化上其實並不連貫。

大約三億七千萬年前，成功爬上陸地的兩棲類衍生出兩個類群，一個是爬行動物，另一個就是單孔類；不久後，上述的單孔類又衍生出哺乳類。

哺乳類出現之前，單孔類演化出好幾個類群，各自盛極一時。對我們哺乳類而言，牠們相當於遠房親戚，而「二疊紀」就是這些親戚稱霸地球的時代。

精確來說，應該是「古生代二疊紀」，指大約兩億九千九百萬年前到兩億五千兩百萬年前之間，大約歷時四千七百萬年。古生代始於約五億四千一百萬年前，持續到約兩億五千兩百萬年前，過程中分成六個「紀」，二疊紀是其中最後一個「紀」。二疊紀結束後，世人印象中的恐龍時代便隨之展開，也就是進入了中生代。

二疊紀前半段的氣候與後半段差很多，前半段寒冷，後半段溫暖。

「異齒龍」（*Dimetrodon*）是寒冷時代的單孔類代表，也是單孔類裡頭叫作「盤龍類」的類群中最具代表性的動物。該類群的動物都有個「龍」字，但與恐龍無關。異齒龍的體型巨大，全長超過三公尺。單就長度來說，比現在地球上的獅子更大，是當時最大的陸上動物。腦袋大而堅硬，嘴裡長著肉食用的尖銳牙齒。

異齒龍最大的特色在背部，每塊脊椎都向上長出細骨；細骨在靠近頭和尾巴的地方比較短，相當於背部中央的部分比較長。因為太細了，普遍認為細骨是作為軸心骨，支撐整個「背帆」，而由皮和肉形成的「帆」則包住骨頭。

早起的鳥兒有蟲吃——豈止是有蟲吃！

冷颼颼的早上，誰都不想離開被窩。

我們哺乳類因為是內溫動物（也就是恆溫動物），能在自己體內製造熱能，所以還算好。但哺乳類跟鳥類以外的脊椎動物都是外溫動物（也就是變溫動物），無法自行製造熱能，因此必須沐浴在陽光下，等體溫升高才能開始一天的活動。

我們無法確定異齒龍那種原始的單孔類，是內溫動物還是外溫動物，因為化石沒有留下這方面的證據，不過普遍認為應該是外溫動物。

二疊紀的前半段是寒冷的時代，絕大部分的動物早上大概都「爬不起來」，唯有異齒龍例外。學者認為，形成背帆軸心的骨頭內部有空隙，而空隙裡有血管，所以當背帆曝曬在陽光下，就能快點讓體溫升高。

背帆暖和了，血管就溫熱起來；血管暖和了，裡面的血液就溫熱起來；血液暖和了，體溫就會上升。跟沒有背帆的狀態相比，有背帆體溫上升的速度估計可以提高約二・五倍。當體溫上升到一定程度，身體就能正式開始運作。由此可知，異齒龍很有可能利用背帆，比其他動物在更早的時間開始活動。

另外，從發現異齒龍化石的地層中，同樣也找到了好幾塊大型的動物化石。

例如「引螈」（*Eryops*），是一種滅絕的兩棲類。聽到「兩棲類」，腦海中或許會浮現青蛙、蠑螈科，或無足目的模樣。這些現存的兩棲類屬於「滑體亞綱」，是整個兩棲類中唯一存活下來的類群。

兩棲類過去還有其他幾個類群，引螈就屬於其中一個滅絕的類群。牠的外表跟滑體亞綱底下的所有兩棲類都不一樣，擁有大大的頭部、尖銳的牙齒、堅硬的脊椎、粗壯的四肢，是全長達兩公尺的「重量級」生物，可以說是兩棲類史上最強的物種之一。

但即便是「最強的兩棲類」，早上也爬不起來。因為是外溫動物，再加上體積龐大，需要相當長的時間才能讓體溫上升；引螈也不像異齒龍，有方便的背帆可以用。在最強的兩棲類身體還不能自由運作的時候，晨型生活的異齒龍早就開始活動了，或許還能反過頭來狩獵最強的兩棲類，而這可不是「一隻小蟲」的程度。

正因為早起，才能占得先機。

夜貓子其實也有好處？

多數學者認為，異齒龍的優勢在於能在寒冷的時代早起，並擁有其他動物所沒有的背帆，以及藏在背帆裡的血管；另外，還擁有強而有力的下顎，與其君臨整個生態系的地位相得益彰。

這些全都是完美到無可挑剔的假設……然而，魔鬼一向藏在完美到無可挑剔的細節裡。二〇一四年，美國的菲爾德自然史博物館的K．D．安吉席克與克萊蒙特麥肯納學院的L．史密茲發表了新的研究成果，可能會推翻這個完美的假設。

安吉席克與史密茲把焦點放在異齒龍的「鞏膜環」上。

鞏膜環是一種保護眼球的骨頭，我們這些現存的哺乳類已經沒有了，但相當於遠古親戚的異齒龍還有這塊骨頭。附帶一提，爬行動物也有這塊骨頭。藉由分析鞏膜環，我們就可以推測眼睛的大小及性能等。舉例來說，我們可以推測某雙眼睛是像人類這樣「適合在明亮的環境下看東西」，還是像蝙蝠那樣「適合在陰暗的環境下看東西」。

安吉席克和史密茲分析了鞏膜環後認為，異齒龍**很有可能是夜行性動物**。為了讓背帆能充分發揮調整溫度的功能，異齒龍必須曬太陽。問題是，比起日光直射的白天，異齒龍的眼睛更適合夜晚。那假如異齒龍是夜行性動物，到底是什麼時候曬太陽？

多麼自相矛盾的特徵。背帆與雙眼，哪個才是對的？

這時有一點必須特別留意，安吉席克與史密茲的研究雖然「有機會推翻」過去的觀點，可是也沒有「真正推翻」過去的觀點。斷章取義一向是造成誤會的源頭，其中之一便是異齒龍這個名詞所代表的物種多樣性。

雖然都是「異齒龍屬」（*Dimetrodon*），但其實有巨大異齒龍（*Dimetrodon grandis*）、米氏異齒龍（*Dimetrodon milleri*）等各式各樣的種類。如何分辨不同種類，體型大小與背帆的形狀是最容易判斷的標準。不是所有種類的異齒龍，背帆都有血管，安吉席克與史密茲的研究也不見得適用於所有種類的異齒龍。即使同樣都是異齒龍，分成「夜貓子的種類」與「早起的種類」也不足為奇。也可能有的種類既是夜貓子也早起，例如太陽下山後，距離空氣徹底冷卻還有一段時間，夜行性的雙眼便可以

善用那段時間，也就是採取「晚睡早起」的生活型態，彷彿捨不得浪費時間睡覺一般，在白天活動。

只能說，這種在二疊紀前半段、傲視整個生態系的動物，很可能是利用「其他生物休息的時間」活動。

這不是千古不變的道理嗎？

別人休息的時候才是賺錢的時機。

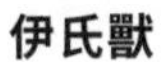

就算沒落，捲土重來即可
——雖然不容易

快速認識古生物

伊氏獸

- 全長超過三・五公尺
- 佐野葛生化石館藏有全身骨骼模型
- 前恐龍時代「強大的象徵」

雙齒獸

- 全長超過四十五公分
- 外表很像臘腸犬
- 前恐龍時代「數量的象徵」

解讀關鍵字

1 麗齒獸科

2 二疊紀－三疊紀大滅絕（約兩億五千兩百萬年前）

3 「盛極必衰」是必然趨勢

在「大人的社會」裡，經常發生一種狀況。一個人深受老闆賞識，順利升官發財，年紀輕輕就爬到高階管理職，成為公司董事的一員，前途無量。沒想到老闆突然換人，原本的老闆黯然下臺。新老闆給舊老闆的人馬兩個選擇。一是辭職，二是降級，從基層員工重新做起。

無論怎麼選，勢必都得重新規畫自己的人生

吧。尤其是後者，是要從頭來過呢？還是安安分分地等退休呢？

其實生命史上也發生過大同小異的狀況，而且還跟我們哺乳類的歷史息息相關。

過去高高在上的同伴們

回顧生命史，如果問以前陸地上的支配者是誰，大概有很多人都會回答恐龍。當時不只有全長約十三公尺的肉食性恐龍「**暴龍**」（*Tyrannosaurus*），還有全長超過三十公尺的巨大植食性恐龍。恐龍確實不愧是以前的支配者。

然而即使是恐龍，也並非陸地上最早的支配者。恐龍大約在兩億三千萬年前登場；勢力正式抬頭，則是大約兩億年前以後的事。

那麼，恐龍出現之前的支配者是誰？中生代的三疊紀是恐龍登場的時代，再往前則是古生代的二疊紀，也就是上一篇「異齒龍」出現的時代。

異齒龍既不是恐龍類，也不是爬行動物，而是單孔類的成員之一。如前所述，單孔類包括我們哺乳類和跟哺乳類具有親緣關係的滅絕動物。二疊紀還沒有哺乳類，但已經有單孔類這種哺乳類的親戚了。

同時，牠們也站上生態系的「統治階級」。新的單孔類群出現在二疊紀後半期的陸地生態系，叫作「麗齒獸類」。

麗齒獸類……光看字面上的意思就覺得既強悍又可怕。事實上，這個類群的名稱來自「**麗齒獸屬**」（*Gorgonops*）這種單孔類，而這個名字本身就意味著「猙獰的臉」。

所以顧名思義，這種動物的臉很有特色。牠不像異齒龍那樣從脖子往後長出背帆，也沒有稍後出現在恐龍身上的刺和甲，只有尾巴和用於走路的四肢。然而，麗齒獸的腦袋堅硬、前後狹長，尤其是上顎長出了長長的犬齒。有些種類為了善用長長的犬齒，下顎可以張開到九十度。另外，前面的門牙也很發達，可以有效率地吃肉。

「**伊氏獸**」（*Inostrancevia*）是已知麗齒獸類中最大的一種。光是頭骨的大小就有六十公分，全長超過三・五公尺。倘若只把焦點放在長度上，與前一章節的異齒龍一樣，這個數字超過現存的獅子，是當時最大的肉食動物。順帶一提，就我所知，日本目前只有佐野市葛生化石館可以看到復原的全身骨骼模型。

單孔類繁榮的象徵不是只有強壯。

南非有個名叫「卡魯超群」的地層，從這個地層產出的化石當中，有一種化石就占了六成。那就是「**雙齒獸**」（*Diictodon*）。同樣屬於單孔類，全長只有四十五公分左右，不到伊氏獸的七分之一。體積與生活在現代日本社會的小型犬無異，看起來也跟小隻的臘腸犬差不多（臉稍微短一點），非常討人喜歡。

雙齒獸會在地底築巢，成雙成對地一起生活。換句話說，牠們已經有一定的社會化程度了。

如果說伊氏獸是前恐龍時代強大的象徵，那麼雙齒獸就是數量的象徵。由此可知，我們這些哺乳類的親戚們，全都怡然自得地生活在二疊紀這個時代。

盛極必衰

「祇園精舍的鐘聲，迴盪世事無常之響；婆羅雙樹的花色，彰顯盛極必衰之理。驕傲自大者必不久長，恍若春宵一夢；逞凶鬥狠者終將自取滅絕，猶如風前之塵。」這是完成於日本鎌倉時代初期的《平家物語》（作者不詳）其中一小節，是足以代表日本的軍事小說，大概有很多日本人學生時代都要默背。

平家一族過去曾稱霸一方，號稱「非平家者，非人也」。然而平家的繁華並未持

續到永遠，源平合戰後，政權轉移到源氏手上。

正所謂盛極必衰，世間萬物皆難以保持永久的繁華。

雖然應該沒有平氏那麼驕傲自大，但單孔類的榮景也在二疊紀的尾聲告一段落。大約兩億五千兩百萬年前，地球發生了生命史上最大規模、空前絕後的大滅絕。根據美國夏威夷大學的教授斯蒂芬・M・史丹利在二〇一六年發表的研究指出，多達百分之八十一的物種皆於此時滅絕。

超過百分之八十。請各位從這本書抬起視線，看看四周，有多少人出現在你的視線範圍內呢？假設你正在上班，那層樓有五十位同事，其中超過四十個人不見了。當時發生的大滅絕就是這麼嚴重的事。（註）

可想而知，當四十位同事同時消失，組織肯定無法正常運作；同樣地，發生大滅絕的生態系也必須大膽地重新建立起來。因為這次的事件，生命的歷史發生了幾乎一分為二的重大變化。

審定註：甚至比這狀況更嚴重。滅絕統計的是物種，而不是個體；滅絕的物種固然全軍覆沒，但倖存的物種亦死傷慘重，只是部分倖存，得以傳衍下來。

不過，史丹利發表的數據單指「海洋生物」。陸上生態系不像海洋生態系能在地層中留下詳細的資料。尤其如果將標準放大到全地球，算不上可信度夠高的數值。儘管如此，從地區的規模來看，有些地區的脊椎動物滅絕率高達百分之六十九。即使不及海洋的程度，這數字也足以用「毀滅性」來形容了。

這起大滅絕事件取二疊紀的英文「Permian」第一個字母「P」與下一個時代三疊紀的英文「Triassic」第一個字母「T」，命名為「二疊紀—三疊紀大滅絕」（P／T extinction）。

二疊紀—三疊紀大滅絕的原因還不清楚，有人說是大規模的火山爆發造成的，也有人說是氧氣從海底消失了，眾說紛紜，沒有一個有力的說法，只能從現象來確定真的發生過空前絕後的大滅絕。

如同源平合戰後，平氏仍苟延殘喘，單孔類也並未在二疊紀—三疊紀大滅絕後就消失得一乾二淨。我們人類身為單孔類的一員，今天還好端端地活著就是最好的證明。然而，當時站在「支配階級」的單孔類則因為這次的大滅絕銷聲匿跡；象徵「強大」的麗齒獸類無法捱過二疊紀—三疊紀大滅絕，因此沒有留下子孫，正所謂「逞凶鬥狠者終將自取滅絕」。

不過不同於平氏，滅絕並不是單孔類的錯。二疊紀—三疊紀大滅絕的起因至今依然成謎，同時也沒有任何假設指出是因為單孔類「這個類群的霸業結束了」。一般認為，原因應該出在某種環境變化上。

蟄伏的時代

二疊紀—三疊紀大滅絕後，便是「爬行動物的時代」。

二疊紀—三疊紀大滅絕前，爬行動物的勢力並不大，水邊的「統治權」掌握在大型的兩棲類手裡，內陸則由單孔類處於生態系的金字塔頂端。當時也有長達幾公尺的大型爬行動物，但都是植食性。生態系頂端的大型肉食動物中，並沒有發現到當時的爬行動物。

可到了二疊紀—三疊紀大滅絕後的三疊紀，情況為之一變。無論在陸地、海裡，或是空中，爬行動物都建立起一大勢力。

陸地上有鱷類的同伴在水邊耀武揚威，不久後，恐龍類在內陸建立起超過一億年的「大帝國」。海裡則有長得跟現在的海豚大同小異的魚龍類打頭陣；緊接著，蛇頸龍類（動畫電影《哆啦A夢：大雄的新恐龍》裡的P助）大量繁衍。空中先出現翼龍類，然後是鳥類。

由此，單孔類完全「弱化」了。與爬行動物競爭生態系龍頭的結果，體型龐大的肉食性單孔類完全不見蹤影。

至於植食性的單孔類，自二疊紀—三疊紀大滅絕後又過了約四千萬年，全長約四．五公尺、名為「**利索維斯獸**」（*Lisowicia*）的單孔類出現了。矮矮胖胖、圓滾滾的樣子像極了沒有角的犀牛，相當於曾在二疊紀呼風喚雨的雙齒獸的親戚。

如果是在二疊紀的陸上世界，全長四．五公尺的體積確實屬於大型動物。然而在二疊紀—三疊紀大滅絕後又過了約四千萬年，世界已經出現遠超過十公尺的植食性恐龍，因此四．五公尺的體積早已稱不上「大型」。

最後，利索維斯獸為超過一公尺的單孔類畫下了句點。也就是說，聲勢曾在二疊紀如此浩大的單孔類，後來都氣焰盡失地活在基本上以恐龍為主的爬行動物的勢力下。

這段蟄伏的期間，持續了一億八千六百萬年左右。

後來又重返榮耀

即使活在爬行動物的勢力下，單孔類（哺乳類）也沒有滅絕。

不僅沒有滅絕，還愈來愈多樣化，衍生出各式各樣的類群。而這種多樣化也決定了哺乳類後來的「命運」。

大約六千六百萬年前，有一顆巨大的隕石掉落在地球上，以迅雷不及掩耳的速度為中生代畫下句點。這時包括恐龍在內，大多數的爬行動物都消失了。哺乳類也受到很大的打擊，許多類群都銷聲匿跡，但其中有三個類群，成功地在這場浩劫中存活下來，分別是單孔目（註）（鴨嘴獸的同類）、有袋類（袋鼠的同類）、有胎盤類（包含人類在內，占今天哺乳類的大多數）。

雖然經歷過一段蟄伏的期間，哺乳類卻也因此變得愈來愈多樣化，迎來「好結局」。

審定註：單孔目（Monotremata），指的是僅有單一泄殖孔的哺乳類群，與單孔類（synapsid）所指的「眼眶後有一個下顳孔」全然不同。

接下來的發展應該不需要寫得太仔細。爬行動物退出各生態系的「統治階級」後，由哺乳類占據了那個地位。接著，哺乳類變得愈來愈多樣化，取得空前的繁榮，直到今天。

經過漫長的蟄伏時期，哺乳類終於「復活」了。從一敗塗地到復活的歲月很漫長，而且簡直是臥薪嘗膽，不可能不重返榮耀。

生命史上的五次大滅絕

在超過三十五億年的生命歷史中，中小規模的滅絕一再發生。除了這一類的滅絕以外，也有足以構成生命史轉捩點的大規模滅絕。從約五億四千一百萬年前開始出現豐富的化石紀錄至今，一共發生過五次這樣的大滅絕，科學家把這五次大滅絕統稱為「Big Five」。

最廣為人知的Big Five，莫過於發生在約六千六百萬年前的「中生代白堊紀—第三紀大滅絕」。因為受到巨大隕石的撞擊，地球上的環境改變了，鳥類以外的恐龍都滅絕了；大量的海棲爬行動物也滅絕了，菊石類消失了，也帶給哺乳類等許多動物莫大的打擊。從此以後，原本在各地、各海域掌握「霸權」、位居生態系頂端的多數爬行動物，地位就被哺乳類奪走了。

白堊紀末期的大滅絕雖然具有極高知名度，但是以規模來說，在Big Five只能排名第三，推估物種的滅絕率為百分之三十六至百分之六十八。

規模最大的物種大滅絕，發生在約兩億五千兩百萬年前的古生代二疊紀末期，物種的滅絕率高達百分之八十一。第二名發生在約四億四千四百萬年前的古生代奧陶紀末期，物種的滅絕率達百分之七十二。

第四名發生在約三億七千兩百萬年前的古生代泥盆紀後期，物種的滅絕率為百分之四十左右，第五名發生在中生代三疊紀末期（也有學者認為這次的大滅絕不包含在Big Five裡面）。

也有不少學者認為，現在地球上正發生著第六次大滅絕。至於會不會真的發生Big Five級的「大規模」物種大滅絕，或許就端看我們人類的造化了。

狗適應環境的能力太強了——模仿得來嗎？

快速認識古生物

細齒獸

- 約五千五百萬年前出現在地球上
- 全長二十公分
- 長得很像鼬鼠
- 用整個腳掌貼地走路，所以也能在樹上生活

新魯狼

- 約三千四百萬年前出現在地球上
- 是最早的狗
- 用腳尖走路

解讀關鍵字

1 細齒獸屬、新魯狼
2 如何因應環境變化
3 「能屈能伸的基因」所付出的代價

根據《舊約聖經》的〈創世紀〉，過去上帝看到人間一片烏煙瘴氣，決定發起大洪水，毀滅世上的一切，唯有諾亞和他的家人，以及諾亞選中的動物能坐上方舟，免於遭大洪水淹沒的命運，留下子孫。

話說諾亞從所有的生物中都各選了一對上船。問題是諾亞造的方舟再大，也無法讓地上所有物種都上船，因此無法否定諾亞在面對大洪水這個「環境變化」時，下意識做出取捨的可能性。

想當然耳，〈創世紀〉只是個故事，地球史上並未發現由大洪水造成的大滅絕。只不過，即使不到大洪水的地步，地球史上也發生過大大小小、數以萬計的環境變化。例如生活在二十一世紀的我們就必須面對溫室效應這個重大的問題。回顧地球歷史，地球的氣候隨時都在改變，像是比現在的全球暖化還要嚴重的暖化、寒化，以及伴隨著這些變化而來的海平面上升、濕潤化、乾燥化等等。

我們身邊就有一種動物，牠們巧妙地順應上述的環境變化，跨越五千萬年的時空，留下子孫，還在現代社會建立起「人類之友」的地位——那就是狗。

「舒適的環境」不會永遠存在

每年，日本的一般社團法人寵物食品協會都會調查日本全國的貓狗飼養狀態。根據二〇一八年底公布的「平成三十年（二〇一八年）全國貓狗飼養狀態調查結果」顯示，家犬數量為八百九十萬三千隻。根據總務省統計局表示，日本二〇一八年九月的

總人口為一億兩千六百四十一萬七千人。換句話說，每十四位日本人就有一隻狗。以上為人口比例，如果換算成家戶數，比例應該更高。或許現在正在看這本書的各位，府上就有心愛的狗狗。

附帶一提，家貓數量為九百六十四萬九千隻，比狗還多。隨著將寵物飼養在室內成為主流，自二〇一七年起，家貓的數量超過了家犬。

對了，我家裡就有拉布拉多犬和喜樂蒂牧羊犬和我們住在一起。就連正在寫稿的此時此刻，其中一隻或兩隻通常都窩在書房的角落裡呼呼大睡。

狗是人類最忠實的朋友。

回溯狗的歷史，可以追溯到大約在五千五百萬年前出現在地球上的「細齒獸」。細齒獸中，最具代表性的動物是全長二十公分左右的「**細齒獸屬**」（*Miacis*）。細齒獸屬的樣子與其說是「狗的祖先」，更像鼬鼠。

細齒獸存活的時代，地球非常溫暖，世界上充滿了亞熱帶的森林。現代日本人聽到「亞熱帶的森林」，或許會覺得應該又熱又潮濕，不適合居住。然而對野生動物而言，亞熱帶的森林是非常理想的環境。鬱鬱蒼蒼的樹上結著各式各樣的果實，包括昆蟲在內，有許多小動物棲息其間，氣溫也不會一到晚上就急遽下降，非常適合居住。細齒獸就生活在這種亞熱帶的森林裡。

細齒獸跟現存的狗最大的不同，就在於腳。相較於現存的狗都用腳尖走路，細齒獸是腳跟著地，用整個腳掌貼地走路的。

「用腳尖走路」的步伐比較大，比「用整個腳掌貼地走路」更適合快走；而用整個腳掌貼地走路雖然不適合快走，但穩定性比較高。沒錯，很適合走在樹上。

現在的狗不會爬樹，可是相當於其祖先的細齒獸卻能在樹上生活，而且應該是以地上及樹上為生活圈，吃昆蟲過活。

氣溫一整天都很暖和，有豐富的食物，住在沒什麼天敵的樹上。這不就是幸福的生活嗎？然而，天堂般的生活不可能永遠持續下去。

配合環境的變化

從細齒獸出現在地球上又過了一千萬年後，地球的氣候突然變得好冷。

氣溫一旦下降，大地也會愈來愈乾燥；隨著大地變得愈來愈乾燥，森林的範圍縮

小，亞熱帶的森林不再是天堂般的環境。在一般情況下，當環境發生這麼大規模的變化，大部分的物種都會滅絕。然而，從細齒獸屬衍生出來的類群，卻成功地在森林以外拓展自己的世界，那就是狗。

初期的犬科代表當數「**新鲁狼**」（*Leptocyon*），牠出現在大約三千四百萬年前，後來成功地保存命脈長達一千萬年以上。

新魯狼的體長約五十公分左右；不同於祖先細齒獸，新魯狼用腳尖走路。也就是說，新魯狼的步伐比較大，適合跑來跑去（順帶一提，「體長」指的是從鼻尖到屁股的長度。哺乳類的尾巴多半下垂，所以通常不算全長，而採用體長來計算）。

而且不止腳改變了。根據西班牙馬拉加大學的博雅．菲蓋里多等人於二〇一五年發表的研究成果指出，新魯狼的整條腿都發生了變化。過去在樹上生活的祖先可以柔軟地把腳往左右兩邊張開，自然很適合在樹上生活。

然而隨著狗的演化，肘關節的動作幾乎固定成前後擺動，難以往左右張開。簡化的動作換來可以進行長時間的奔跑，也讓之後的狗展開了新的狩獵模式，可以長時間追逐草原上的獵物，等獵物筋疲力盡，再給對方致命一擊。

日本的童謠有一句歌詞：「一下雪，狗就會跑來跑去。」但如果有和狗一起生活的人都知道，即使沒下雪，狗也很喜歡跑來跑去。

這種天性來自於祖先為了適應草原生活的演化。牠們優良的適應力，即使面臨環境的劇烈變化，也能留下子孫。

「能屈能伸的基因」所付出的代價

狗還有一種其他動物沒有的特徵，那就是隨基因變化所產生的新特徵，非常容易表現在外在上，至少跟我們一起生活的狗，就很容易在外型上表現出基因的變化。

從「犬種」的分類大概更能感受到這一點。前面提到我家裡養了兩隻狗，分別是拉布拉多和喜樂蒂，「拉布拉多犬」跟「喜樂蒂牧羊犬」就是「犬種」（不同品種，但屬於同一物種）。

從生物學的角度來看，這兩者都屬於「家犬」（*Canis lupus familiaris*），但外表卻大相逕庭。

拉布拉多犬是很有名的導盲犬。我們家的拉布拉多體長達八十公分，體重超過

二十公斤，以拉布拉多犬來說算是比較小隻。毛以白色為底，帶點淡淡的咖啡色，是短短的直毛。喜樂蒂牧羊犬的體長約四十公分，體重為十公斤左右。嘴巴筆直地往前伸；長毛，毛色為咖啡色混淺咖啡色、白色。

無論是拉布拉多犬，還是喜樂蒂牧羊犬，各自都有自己的特色。而將這些特徵擺在一起看，很想難像牠們是同一個種類。

當然不只我們家的狗，現在的狗至少有超過三百個犬種。這些犬種如果只有化石留下來，或許會被當成不同物種，可以想見牠們的外型差異有多巨大。而這正是狗的基因特徵。

我以前還在《牛頓》編輯部上班的時候，曾經訪問過專門研究狗的學者。據那位學者透露，狗每隔三到四代就會產生出新的犬種（欲知詳情的讀者可參考《牛頓》二〇一一年十月號）。

狗的繁殖年齡為一歲左右；每隔三到四代，等於不到五年就會產生新犬種。

人類利用狗這種獨特的特徵，繁殖自己喜歡的犬種。既然不到五年就能交配出新的犬種，人類確實有足夠的時間可以不斷地從錯誤中改良、摸索。

狗的「種類改良」在中世紀以後的歐洲十分盛行，並直到現代。過去適應草原生活的狗經過人類的改良，「調整」成適合與人類一起生活的樣貌。

結果反映在日本，現在有超過八百九十萬隻家犬，要說富有彈性的變化使牠們得以繁榮到今天也不為過。當牠們建立起人類之友的地位，即使到了二十一世紀的日本，大部分的狗都生活在跟「細齒獸時代」無異，甚至比「細齒獸時代」更理想的環境也說不定。跟人類一起活在恆溫的室內空間，由人類提供食物，還能享受完善的醫療服務。

有時候配合自然變化，有時候配合對手（人類）的需求，演化成現在的模樣。這基因真是太能屈能伸了！

只不過，狗也因此付出了「代價」。

一是在短短數百年間不斷進行人為「演化」的結果，部分犬種變得沒有人類就活不下去，也無法生小狗。

舉例來說，鬥牛犬經由改良，變成吻部較短的種類。問題是齒列的變化追不上

下顎長度的變化，導致有些鬥牛犬上下排的牙齒無法咬合。另外，鬥牛犬無法自然分娩，必須剖腹才能生小狗。

現在對「犬種」鼓勵結紮、避孕，不與其他犬種交配，好維持血統的純正。但是從廣義的角度來說，與同一犬種交配相當於近親交配。而生物必須藉由與自己不一樣的個體交配，把彌補自己「弱點」的基因傳給子孫。如果是近親交配，很容易讓遺傳上的異常累積下來。實際上，純種狗的確很容易發生遺傳性疾病及其他障礙。

對環境變化做出「主動的適應」能夠保存種族的命脈，「被迫的因應」則會產生許多問題。

把狗狗的歷史換到人類社會來思考，或許就能感同身受了。

放低身段，順應公司內部組織的變化，像狗那樣活下去也是一種方法。當然，就像狗至今仍活躍於世界上，那絕不是錯誤的方法，反而是極其自然的生存之道。

只不過，萬一太配合公司，一離開公司可能就行不通了。狗是離我們最近的動物，居然還教會我們這件事。

以上就是狗的歷史。

我迷上古生物的原因

我小時候對古生物並沒有太大的興趣，頂多是跟大部分的少年一樣都喜歡恐龍。

我原本想研究機器人。小學的時候看了手塚治虫的《原子小金剛》，想成為天馬博士。所以高中選讀自然組，還在社團活動上設計了小型的磁浮列車。

自然組為單一學科，所以我沒有換過班級，三年都是同一位級任老師。我們的級任老師是位年過五十的地理老師，身兼社團顧問。每次社團活動的時候，年邁的老師就像從學校後面的田裡摘蔬菜來炫耀一般，給我們看礦物及化石，臉上充滿笑意。

受到他的笑容感染，我想起自己也喜歡過恐龍，便以古生物學為目標，立志研究恐龍。這時，我身邊的人都警告我：「別傻了，研究恐龍又賺不到錢。」但他們愈是警告我，我想研究恐龍的決心就愈堅定。

結果雖然沒能如願在大學從事恐龍的研究，卻也發現了古生物的樂趣，甚至覺得只停留在研究階段太可惜了。

剛好當時，有名受邀來講課的學者發表了「寓教於樂的科學」這個邏輯思維。我受到這句話的啟發，不禁想推廣古生物學的樂趣，使其成為娛樂科學的核心。因此當科學雜誌《牛頓》在徵員工時，我也去應徵了。經過八年半的上班族生活後，自己出來創業，直到現在。

無法改變的話，就不要變了

——貓不就是這樣嗎

快速認識古生物

細齒獸

- 狗與貓的遠古親戚
- 正確地說是「食肉目」的先祖

偽劍齒虎

- 不是貓科，而是貓型類
- 但長得很像豹

1 貓科與犬科是在哪裡一分為二的？

2 貓型類

3 中新世（約兩千三百萬年前～五百三十萬年前）

根據一般社團法人寵物食品協會的調查指出，於二〇一八年底的階段，飼養在日本國內的貓咪數量比狗多出七十萬隻以上。只不過，若換算成養寵物的家庭，其實是養狗的家庭占了壓倒性多數。相較於養狗的家庭約有七百一十五萬戶，養貓的家庭只有五百五十四萬戶，相差一百六十十一萬戶。

一百六十一萬戶這個數字超過日本絕大多數的縣市。根據日本總務省於二〇一八年七月十一日公布的數據，全日本只有十個縣市超過一百六十一萬戶。養狗的家庭之多，可見一斑。

儘管如此，家貓的數量還是比狗多，意味著很多家庭同時養很多貓。事實上，根據寵物食品協會的調查，換算成每個家庭的平均飼養數量，狗為一．二四隻，貓為一．七四隻，遠大於狗（或許有人會覺得差〇．五隻也算多嗎？但只要對照日本人近年來的平均出生率，我想就能明白〇．五有多大了）。

從這個角度來看，或許貓比狗更受歡迎，更能適應現代的日本。

狗之所以會成為人類的好朋友，原因之一在於其能屈能伸的基因（請參考〈③狗適應環境的能力太強了〉）。狗與生俱來能屈能伸的基因，以「犬種」的形態出現在我們眼前，光是國際畜犬聯盟公認的犬種，總數就超過三百四十種。不同的犬種，從身體的大小到適合的環境，呈現出各式各樣的特徵。狗藉由變成人類「需要的樣子」建立起今天的地位。

另一方面，貓也有所謂的「貓種」。根據貓登錄協會指出，目前公認的貓種不到五十種。其中有長毛的波斯貓，也有短毛的阿比西尼亞貓，但貓種間的體格差異沒有狗那麼大。貓用了跟狗截然不同的方式，建立起「人類之友」的地位，成為惹人憐愛的動物。

貓不是只有我們身邊的家貓，從「貓科」這個類群來看，牠們其實是占據各地生態系上層的掠食者。好比獅子、老虎、美洲豹、山貓，現存的貓科動物都是強者，而且具有一定的「社會地位」。

一直待在「適合居住的環境」也不錯

貓的先祖，可以追溯到約五千五百萬年前出現的「細齒獸類」，以全長二十公分左右的「**細齒獸**」（*Miacis*）為代表，是長得很像鼬鼠的哺乳類。

如果是照順序看下來的讀者，或許心中會冒出問號。沒錯，就是之前在介紹犬科遠親時介紹過的這個類群。

細齒獸其實是犬科與貓科的遠古親戚。說得更正確一點，細齒獸是名為「食肉目」類群的先祖。熊科及鰭腳類（海獅、海豹、海象的類群）也都是食肉目動物。這些哺乳類皆與細齒獸親緣相關。

這些細齒獸類的動物，生活在當時占據地球相當大面積的亞熱帶森林裡。氣候溫暖，食物豐富，並在沒什麼天敵的樹上生活。這樣的「天堂」就是當時的生活環境。可是沒多久，地球環境產生變化，氣候愈來愈寒冷，亞熱帶的森林逐漸縮小，草原則逐漸擴大。犬科為了適應草原的生活，不斷演化。這時，貓科與犬科分道揚鑣。

犬科配合草原這個嶄新的環境持續演化，貓科則繼續留在森林裡。「縮小」歸「縮小」，不等於消失，所以並不是所有的森林都消失了，即使不用特別配合環境的變化也能活下去。

事實上，犬科配合環境變化，隨即出現在歷史舞臺上，貓科卻遲遲未亮相。貓科加上親緣相近的類群，組成「貓型亞目」（貓型類）。貓型亞目裡有好幾個「雖然不是貓科，但是很接近貓科」的類群。

首先登場的是這種「不是貓科的貓型亞目」：名為「獵貓科」的類群出現在逐漸縮小的森林裡。「**偽劍齒虎**」（*Hoplophoneus*）是最具代表性的獵貓科動物，體長一公

尺左右，雖然不是貓科動物，但是長得很像現存貓科中的豹。牠的脖子肌肉發達，四肢也很強壯，身體卻很苗條；犬齒有點長，不過已經跟現存的貓科動物相去無幾了。

也就是說，無論是貓科還是貓型亞目，貓從一開始就很貓。

強者不需要變化？

自從獵貓科在歷史舞臺登場，貓型類就出現了好幾種不同的類群，長得都跟現在的貓大同小異。

例如有種貓型類叫作「**巴博劍齒虎**」（*Barbourofelis*），與獵貓科分屬不同的類群。「巴博劍齒虎」是屬名，底下還有好幾種不同的種類，其中體型最大的是「**弗氏巴博劍齒虎**」（*Barbourofelis fricki*），體長一．六公尺，大小相當於現在棲息於美國的美洲豹。弗氏巴博劍齒虎的體格非常強壯，脖子有很粗的肌肉。在日本國立科學博物館的富田幸光等人撰寫於二〇一一年的著作《新版　滅絕哺乳類圖鑑》（丸善出版）裡，對弗氏巴博劍齒虎的介紹是「肌肉結實，外表像熊，但是又給人獅子的印象」。很明顯就是站在生態系頂端傲視群雄的姿態，畢竟外表再怎麼像熊，還是給人獅子的印象。

所以說，貓從一開始就很貓。

大約兩千三百萬年前到五百三十萬年前的地質時代，稱作「中新世」，更完整的寫法是「新生代新第三紀中新世」。當中新世過了一半，貓科終於出現在貓型類群裡。以下為各位介紹幾種初期的貓科動物。

首先是在中新世登場，沒多久就滅絕的貓科動物「**後貓族**」（Metailurini）。這種貓科動物體長一．五公尺，長得很像現在的美洲獅。

「**短劍劍齒虎**」（*Machairodus*）則是跟後貓族生活在同一個時代，體型更大的貓科動物。短劍劍齒虎的體長大約兩公尺，長得很像老虎。

想當然，雖說長得很像美洲獅，後貓族的後腳還是比美洲獅長；短劍劍齒虎雖然很像老虎，但脖子比老虎長，肌肉也更結實。然而，貓就是貓，現在的貓科動物並未偏離貓的形象太遠。牠們站在各地的生態系頂端，充分利用柔軟的身體，勤勞地狩獵著。

自獵貓科以來，貓科動物的樣子幾乎沒什麼改變。這個事實恰好證明牠們確實是形態已經成熟的王者。

在貓型亞目身上看到的歷史，也如同人類社會的縮影。只要擁有屬於自己、足以壓倒其他人的優勢，或許不用改變自己，也能存活下來。

不過，以前的貓型亞目與現存的貓科動物有一個很大的差異。無論是偽劍齒虎還是巴博劍齒虎，後貓族還是短劍劍齒虎，上顎的犬齒都很長。不愧是所謂的「劍齒虎」（Saber-tooth tiger）。

現存的貓科動物已經沒有那麼長的犬齒了。為什麼牠們有那麼長的犬齒，現存的貓科動物卻沒有呢？這依舊是不解之謎。

話說回來，牠們長長的犬齒有什麼作用呢？

針對這個疑問，過去學者發表過不止一份研究報告，因此不如利用這個機會，以劍齒虎中最具代表性的例子「**刃齒虎**」（*Smilodon*）為各位做介紹。

刃齒虎在上新世登場，是在那之後又活到約一萬年前的貓科動物，其命脈遠遠超過兩百五十萬年。體長一．七公尺左右，大小跟現存的小老虎差不多，身強體壯，肌肉發達，四肢比較短，尾巴也短；擅長採取近距離決戰、短時間壓制的戰鬥模式。

刃齒虎的犬齒長達十五公分，就連吸血鬼看了也要害怕。根據美國克萊姆森大學的M．亞歷山大．衛索基等人發表於二〇一五年的研究報告指出，刃齒虎的犬齒以每個月六公釐的速度增長。

想也知道，為了有效利用這麼長的犬齒，必須張大嘴巴，因此刃齒虎的下顎其實可以張開到一百二十度；即使遠超過直角，牠們的下顎也不會脫臼。

刃齒虎的犬齒就像刀子般銳利，但是沒有刀子的韌性，所以不善於承受來自水平方向的衝擊。若要當成武器來用，這樣的犬齒其實不是太理想的武器。因此一般認為，刃齒虎在格鬥的時候幾乎不會用到犬齒，前腳才是牠們主要的武器。一再踢出強而有力的前腳——這種「貓拳」才是刃齒虎最大的武器。根據美國加州工科大學波莫納學院的凱瑟琳．隆格等人發表於二〇一七年的研究，刃齒虎的前腳從小就很發達，可見刃齒虎的戰鬥力從小就很強悍。

那麼，要說那麼長的犬齒有什麼作用，主流的看法是「專門給對手致命一擊」。很有可能是用來刺進對手已無力抵抗的脖子，切斷對方的血管或氣管。

光是刃齒虎的歷史就長達好幾百萬年，犬齒很長的貓型類的歷史還能追溯到偽劍齒虎。由此可知，長長的犬齒無疑促進了牠們的繁盛。那為什麼現存的貓科動物已經沒有這麼長的犬齒呢？原因還不清楚。

只能說「貓從一開始就很貓」，而且一直是整個生態系上層的強者，直到現在也還是強者。只要夠強，根本不必像狗那樣配合環境生活，就能保持自己的風格。貓就是最好的例子。

你比較像貓，還是像狗呢？

天下沒有白吃的午餐

——請腳踏實地地活下去

快速認識古生物

異特龍

- 侏羅紀末期（約一億五千萬年前）的霸主
- 全長八・五公尺

恐狼

- 大型的狼
- 體重超過六十公斤

解讀關鍵字

1 偷雞不著蝕把米
2 拉布雷亞瀝青坑（洛杉磯）
3 克利夫蘭勞埃德恐龍採石場

「我們看到大部分的動物化石，基本上都是『死於非命』的結果。」

這是我以前採訪過的古生物學家說過的話。

並不是所有的動物死後都會變成化石，壽終正寢或生病死亡這種「自然死亡」的動物反而不容易留下化石。因為如果是自然死亡，屍體會被肉食動物破壞、吃掉，弄得面目全非。剛自然死亡的動物是肉食動物再好不過的食物，不用擔心對方會反擊。

動物如果要留下化石，就必須避免屍體遭到肉食動物的破壞，迅速掩埋在地底。藉由掩埋在地底，可以保護屍體免於受到肉食動物及風雨的破壞。

至於要如何迅速地掩埋在地底呢……無非像是被洪水淹沒、遭風沙掩埋。很可能是捲入了平常不會發生的狀況，痛苦不堪地死去，也就是因為意外而死於非命。

然而，變成化石的動物中，不知該說是自己大意，還是判斷太輕率呢……總之有不少是因為「自投羅網」而死。

想要偷懶反而大量死亡

美國的洛杉磯有個名叫「拉布雷亞瀝青坑」的化石產地，從這裡找到的動物化石主要活在約三萬八千年前到約一萬年前。截至目前，共挖出了超過三百五十萬個標本，種類超過六百種。

從拉布雷亞瀝青坑發現的化石有俗稱「劍齒虎」的「**刃齒虎**」（*Smilodon*）、北美史上最大的哺乳類「**哥倫比亞猛瑪象**」（*Mammuthus columbi*），還有長得跟猛瑪象差不多，但體型比猛瑪象小一點，牙齒凹凸不平的「**美洲乳齒象**」（*Mammut americanum*），以及體型壯碩的「**恐狼**」（Dire wolf）化石。

刃齒虎與恐狼是掠食者，哥倫比亞猛獁象與美洲乳齒象是獵物。在這裡可以同時找到攻擊者與被攻擊者的化石。

拉布雷亞瀝青坑的化石群還有一個不同於正常生態系的特徵，那就是掠食者的化石比獵物的化石多得多。

如果是正常的生態系，獵物的數量將遠大於掠食者的數量，形成所謂的「生態金字塔」，地位愈低，數量愈多。否則當地位比較高的掠食者吃光底下的獵物，生態系遲早會失衡。

然而，拉布雷亞瀝青坑的情況卻違背上述的法則。觀察哺乳類化石的數據，挖掘出土的化石九成都是掠食者的化石。從這裡找到的化石中，最常見的並不是哥倫比亞猛獁象或美洲乳齒象這種植食性動物，產量最多的其實是掠食者恐狼的化石。

這種違反常理的現象與拉布雷亞瀝青坑這個地方的「特性」有關。說穿了，主要是因為拉布雷亞瀝青坑的沼澤（更正確的說法是『熔化的瀝青沼澤』）。焦油的黏性很強，一旦陷入瀝青沼澤，將無法輕易脫身。這個事實造成了化石數量的逆轉現象。

首先，一隻哥倫比亞猛獁象或美洲乳齒象這種「魅力十足的獵物」不曉得為什麼陷入沼澤裡；因為瀝青的黏性很強，無法逃脫，結果死於非命。就算僥倖沒死，體力也會逐漸消耗殆盡。

當掠食者發現這樣的獵物，免不了見獵心喜地撲上去，其中當然不乏掠食者一不小心也深陷泥淖，結果最後動彈不得，自己也成了掠食者眼中絕佳的獵物。

以上情況一再發生，掠食者不斷聞風而來，陷入沼澤，又成為下一個掠食者的獵物。恐狼這種狗的同類為數眾多，表示當恐狼群居活動時，難免就會出現不小心的例子。

人類有一句諺語很適合用來形容這種狀況——偷雞不著蝕把米。

就算是王者也會馬失前蹄

拉布雷亞瀝青坑的動物們可不是唯一「偷雞不著蝕把米」的案例。

「**異特龍**」（*Allosaurus*）是一種讓恐龍迷愛不釋手的肉食性恐龍。異特龍出現在約一億五千萬年前的侏羅紀末期，是美洲的王者；全長八．五公尺，體型修長是其特徵。本書的書眉就是比較簡化的異特龍插圖。

眾所周知，位於猶他州的克利夫蘭勞埃德恐龍採石場挖掘出許多異特龍的化石，不只數量驚人，在這裡發現的恐龍化石大約七成都是異特龍的化石。請容我再重述一遍，王者級的掠食者占了生態系的七成，基本上是不太可能的事。

一般而言，如果密集性地發現大量特定種類的化石，通常都會懷疑可能遭到洪水淹沒。如果是被洪水淹沒，四肢都會支離破碎，骨頭也會傷痕累累。然而從克利夫蘭勞埃德恐龍採石場發現的異特龍身上卻沒有這種痕跡。因此，學者認為這裡也發生過偷雞不著蝕把米的狀況。先是少數植食性恐龍不小心陷入沼澤，動彈不得，前來狩獵的異特龍也跟著動彈不得，自己變成獵物……以上就是造物主寫的劇本。這可以說是天然的陷阱。

像這樣大量變成化石的事實，也說明牠們很可能是受到「白吃午餐」的吸引。

天下沒有白吃的午餐，首先就要懷疑這是不是陷阱。這點不管是滅絕的恐狼、肉食性恐龍還是人類都要遵循。

「僥倖」也能成為意想不到的武器

快速認識古生物

威瑪努企鵝屬

- 在紐西蘭發現的化石
- 最早的企鵝
- 外表很像鵜鶘

祕魯企鵝屬

- 在溫暖期與溫暖地區也要保持身體暖和
- 在祕魯北部發現的化石

解讀關鍵字

1 突然變異與自然選擇（天擇）
2 肱動脈叢
3 始新世（約五千六百萬年前～約三千三百九十萬年前）

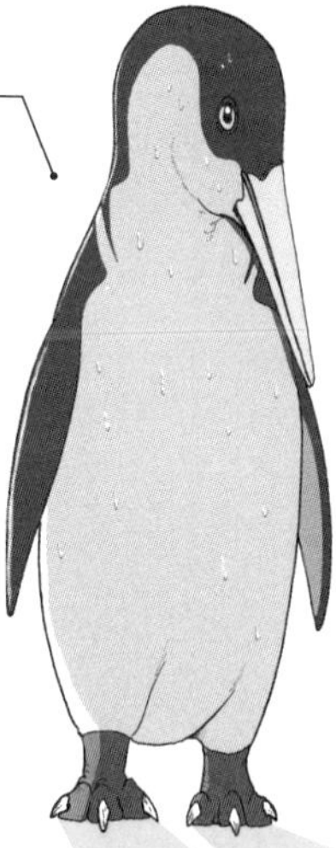

祕魯企鵝屬
好熱啊

突然變異與自然選擇是演化的基礎。

所有的生命體都不是自己想著「想變成那樣」就能演化，而是偶然「突然變異」，而獲得的特徵剛好適合自己，才得以存活下來（自然選擇）。

舉例來說，長頸鹿的脖子並不是**為了拿到高處的東西**才變長，而是**因為突然變異，偶然獲得長長的脖子**，剛好比脖子不夠長的個體更有利，所以能把這個特徵基因傳演給子孫。

有時候意想不到的突然變異，其實是種「先見之明」，可能幫助後代。

各位知道企鵝吧？我還沒遇過說「不知道」的人，足以證明這種鳥類非常有名。企鵝是不會飛的鳥類，也是水族館最受歡迎的成員之一。野生企鵝棲息在南極圈及其周邊，不用說也知道，都是嚴寒之地與嚴寒之海。在那種極限環境下，儘管時而受到豹斑海豹、南海獅、虎鯨的攻擊，牠們仍建立起幾萬隻、甚至幾十萬隻的大集團，群體生活著。

企鵝的歷史十分悠久，就我所知，至少可以回溯到大約六千一百萬年前，也就是距離恐龍滅絕五百萬年後的時期。從地球及生命的歷史來看，這時間點可說是非常早。在那樣久遠的時代，企鵝的祖先就已經出現了（附帶一提，鳥類是恐龍裡的一個類群，所以也可以說『企鵝是存活下來的恐龍』）。

壓倒性的數量與超過六千萬年的歷史，從這個角度來看，企鵝或許是「演化的贏家」。

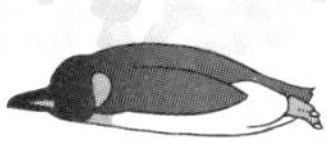

「意想不到的演化」幫了大忙

企鵝為何能在嚴寒的環境下生存呢？南極圈的海洋漂浮著冰山，企鵝為何能自由自在地悠游在這種海洋裡呢？

祕密就在企鵝血管的「熱逆流交換系統」，位於肱動脈叢。

肱動脈叢是長成一束的血管，長在上肢……也就是翅膀的根部。這些成束的血管負責加熱從翅膀流回心臟的血液。下半身也有相同的血管叢。因為這樣獨特的系統，企鵝即使在嚴寒的海域也能維持體溫。

只不過，企鵝並非打從歷史的初始就擁有肱動脈叢。

在紐西蘭約六千一百萬年前的地層中，人們發現了最早的企鵝化石，把牠取名為「**威瑪努企鵝**」（*Waimanu*）。

威瑪努企鵝的身高在九十公分左右，鳥喙和脖子比現在的企鵝細長，翅膀也比較小，外表比較像現存的鵜鶘。

根據紐西蘭奧塔哥大學的湯瑪斯・B・丹尼爾等人發表於二〇一一年的研究報告

指出，威瑪努企鵝並沒有肱動脈叢。大概是因為大約六千一百萬年前的地球比現在溫暖，不需要這種系統。

根據湯瑪斯等人的研究，「**德爾菲企鵝**」（*Delphinornis*）是最早可以確定有肱動脈叢的企鵝屬，牠的化石是在南極大陸的西摩半島約四千九百萬年前的地層中被挖掘出來。

由於找到的化石不足以拼出德爾菲企鵝的全身，所以不確定牠的體積或外型。但值得留意「約四千九百萬年前」這個數值，這個時間點落在「始新世」。從大約六千六百萬年前（恐龍滅絕的時期）到現在的新生代之間，始新世是數一數二的溫暖期，就連西摩半島的海水溫度也高達十五度。

不止德爾菲企鵝，同樣棲息在大約四千七百萬年前的始新世、身高七十五公分的「**祕魯企鵝**」（*Perudyptes*）經確認也有肱動脈叢。人們甚至在祕魯北部也發現了這種企鵝的化石。祕魯離赤道很近，緯度跟菲律賓及柬埔寨相同。

根據奧塔哥大學的R．伊文．佛岱斯及南卡羅來納大學的丹尼爾．T．賽普卡二〇一三年投稿至《日經科學月刊》的原稿指出，祕魯企鵝「生活在地球史上最熱的時

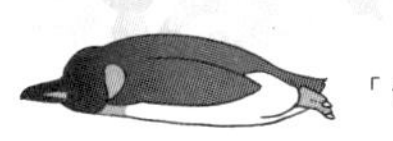

期之一，而且是最熱的地區」。

即使置身於溫暖期，德爾菲企鵝和祕魯企鵝都有肱動脈叢。目前還不是很清楚這種在寒冷期比較有利的系統在溫暖期有什麼作用。湯瑪斯等人認為即使是溫暖期，肱動脈叢也有助於長時間游泳，因為水溫不可能高過體溫。

只有一點是可以確定的，那就是肱動脈叢賦予企鵝在地球冰天雪地的時期、在嚴寒之地活下來的「能力」。遵循本章開宗明義闡述的演化基本原則，企鵝的肱動脈叢並不是因為需要才長出來的。就像德爾菲企鵝及祕魯企鵝的例子，是無意中得到的特徵。

沒想到這個「天上掉下來的禮物」竟成了決定牠們命運的關鍵，人生會發生什麼事，果然難以預料。

快速認識古生物

暴龍

・全長約十三公尺，體重約九公噸
・牙齒的大小超過二十五公分
・把獵物連骨頭整個咬碎

加拿大奇蝦

・全長一公尺左右
・海中霸主
・擁有巨大的複眼，狩獵能力很強

大就是強！

——雖然這就是事實，但……

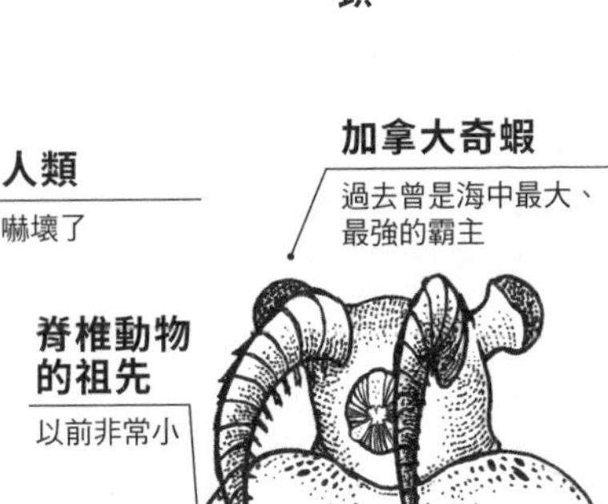

解讀關鍵字

1 體型與強弱的關聯

2 生物在地球上的體型演化

3 體型小也不一定會輸

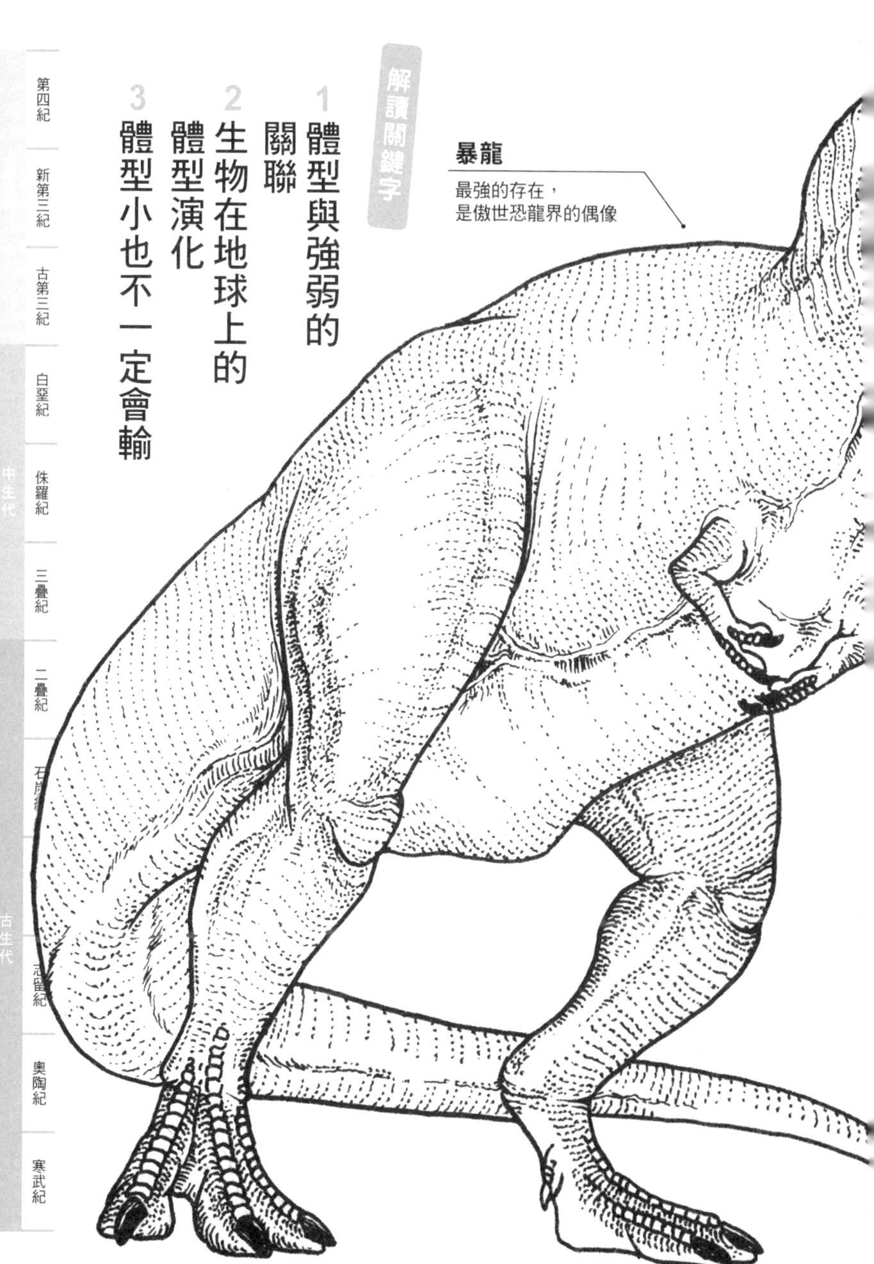

當大家聽到「小霸王」，腦海中會浮現出什麼樣的人物呢？日本人從小看到大的卡通《哆啦A夢》裡的「胖虎」大概是最深入人心的小霸王形象。人高馬大、體型壯碩，打架從沒輸過，其體型比同年齡的大雄等人還大了一號甚至兩號。

如同胖虎這個最典型的例子，在小朋友的社會裡，「大」往往就等於「強」。長手長腳、碩大的手掌都是在「體育的觀點」占優勢的要素，體重也幾乎能跟強大畫上等號。當然每個人的運動能力都不一樣，但是「大」依舊是「強」的最基本要素。

不只小朋友的世界，即使成人……在商言商的世界裡，「大」依舊是「強」。想必有不少人在找工作的時候都抱著「只要能擠進大企業就不愁吃穿」的期待。大企業確實能發揮雄厚的資本與組織能力，推動中小企業無法完成的業務；即使陷入經營危機，有些大企業也能爭取到政府的大筆資金挹注。

從各種角度來看，大就意味著強。

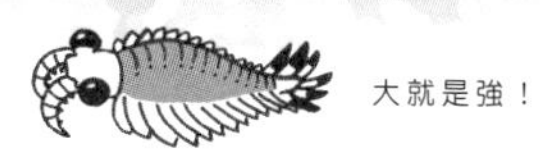

在生命的歷史中，提到巨大的強者，「**暴龍**」（*Tyrannosaurus*）大概是第一個會被點名的動物。不用說大家也知道，暴龍可說是肉食性恐龍的代表。

暴龍的大小經過推估，全長約十三公尺、體重約九公噸。

日本國小、國中、高中教室的平均大小，左右寬七～八公尺，前後長八～九公尺。也就是說，暴龍必須柔若無骨地把身體蜷成一團，才能收進日本的學校教室。在已知的肉食性恐龍中，暴龍的體型即使不算最大，也算是「最大級」。附帶一提，暴龍腰部的高度隨隨便便都超過三公尺，所以光要進入教室，就得彎腰了。

至於體重這個部分，暴龍也屬於最大級，相當於四～五輛日本運貨的兩噸卡車。牠的重量在大型食肉恐龍中也可以排在很前面。

暴龍這種大型肉食性恐龍的特徵，在於其他物種望塵莫及的大頭。牠的頭前後長度超過一．五公尺、寬六十公分，高度也超過一公尺。雙眼筆直地望向前方，可以得到立體視覺；能夠正確測量跟獵物之間的距離，是很重要的特徵。

下顎健壯，嘴裡長滿長度超過二十五公分的粗大牙齒，看起來就像還沒被削成柴魚片的鰹魚乾。一顆牙齒的長度雖然超過二十五公分，但有三分之二都是牙根，被牢牢地固定住，即使咀嚼硬邦邦的食物，也不會輕易鬆脫。

二〇一二年，英國利物浦大學的K・T・貝茲與曼徹斯特大學的P・L・弗金漢姆經由電腦解析，得出暴龍下顎的咬合力為三萬五千牛頓（『牛頓』為力的單位）。這個數字有多麼驚人呢，用同樣的方法計算，現存短吻鱷的咬合力不到四千牛頓，可見暴龍的咬合力是短吻鱷的八倍以上。其他大型肉食性恐龍也用這種方法計算出咬合力，但暴龍的數字跟牠們相比也極為突出。我們可以知道，暴龍除了擁有巨大的體型，還有由大頭產生出的壓倒性破壞力。

一般認為，暴龍的咬合力可以把獵物連同骨頭整個咬碎。事實上，暴龍糞便的巨大化石裡（體積高達兩公升）確實含有植食性恐龍的骨頭碎片。

暴龍果真是最強且最大型的恐龍，難怪專家學者都稱牠為「超肉食性恐龍」，充分體現了「大就是強」的定律。在恐龍時代的最末期，暴龍是傲視美洲西部的王者。

「史上最早的霸主」果然很大

放眼生命史的洪流，早在真正展開生存競爭的時候，就存在著「巨大的王者」。

從地球誕生至今，大約過了四十六億年。已知最早的生命跡象，出現在約三十九億五千萬年前和約三十八億年前，然而這些「生命的痕跡」皆由化學數據構成，成立的基礎是「如果沒有生命就不可能存在這些化學成分」，所以我們至今仍無法從這些遺留的化學數據，判斷該生物是什麼模樣。

能直接證明生物存在過的化石中，以大約三十五億年前的化石最為古老。該化石的形狀有如細絲，是小到不用顯微鏡就看不見的水棲生物。在那之後，生物以海洋為舞臺，持續演化，但體積幾乎從未超過要用顯微鏡才能觀察的大小。

直到大約五億七千五百萬年前，突然出現了肉眼可見的生物，並留下了化石。至於造成生物「巨大化」的原因，至今尚未找到比較有說服力的假設。

這時出現的生物，大部分既沒有腳或鰭這種用來移動的部位，也不具備牙齒或下顎等攻擊手段。依照地球現在的認知，可以猜測那個階段尚未正式展開「吃，或者被吃」的弱肉強食生存競爭。

到了約五億兩千萬年前，動物開始具備腳或鰭這種用來移動的部位，以及堅硬的殼或銳利的刺等防禦手段，還有牙齒或觸手等攻擊手段。一般認為，生存競爭從此時正式展開。

這時稱霸海洋生態系的動物，叫作「奇蝦類」，而在加拿大發現的化石「**加拿大奇蝦**」（*Anomalocaris canadensis*）是這個類群的代表。

加拿大奇蝦的身體為橢圓形，左右兩邊長了很多鰭；頭上有一對偌大的複眼，頭部前端則有兩條大觸手，觸手內側長滿了刺，全長一公尺左右。

這個「一公尺」的體型，在當時的海洋裡算是前所未有地巨大。當時絕大部分的動物全長都在十公分以下，即使偶有超過十公分的生物，也幾乎都在幾十公分以內。在那樣的世界裡，奇蝦的體型居然長達一公尺，可以說是壓倒性的龐然大物。畢竟奇蝦光觸手就超過十公分了。

就這樣，加拿大奇蝦與牠的同伴被視為「史上最初的霸主」。

但也不能排除奇蝦只是因為體型巨大，就被我們人類擅自認為很強的可能。我們確實沒看過活生生的奇蝦，而且根據電腦對口形的分析，學者認為奇蝦無法吃太硬的獵物。

所以「『大』從一開始就是優勢」的概念，真的正確嗎？既然無法觀察到奇蝦活生生的樣子，或許就無法對這個問題提出解答，不過，我們還是可以舉出幾個「強大」的證據。

例如眼睛。奇蝦類擁有巨大的複眼，複眼裡密密麻麻地長滿細小的水晶體。有些奇蝦的水晶體數量多達一萬六千個以上。

複眼的水晶體數量相當於數位相機的畫素，數量愈多，通常愈能正確地捕捉影像。既然能正確捕捉動物的身影，自然也能明白該動物的弱點；而且畫素愈高，愈容易捕捉到高速移動的獵物。

現存的動物，幾乎沒有複眼的水晶體數量超過一萬個。硬要舉例的話，大概只有蜻蜓擁有兩萬個以上的水晶體。蜻蜓是昆蟲界數一數二的獵人，可以邊飛邊捕捉飛行中的獵物。即使不到蜻蜓那麼厲害，奇蝦應該也能捕捉正在移動的獵物。

奇蝦還有一個特徵，就是牠的複眼不是直接長在頭上，而是從頭部先伸出兩條短短的眼柄，複眼再長在眼柄頂端；而這個複眼的眼柄應該是可動式的。也就是說，只要眼柄倒向左右兩側，視野就會更加開闊，更容易掌握獵物的動向；而只要眼柄往前傾，就能藉由重合左右兩隻複眼的視野，給予視覺立體的效果，正確測量自己與獵物間的距離。這對獵人而言可說是非常重要的功能。

即使無法咀嚼堅硬的獵物，世上也還有很多沒那麼硬的獵物呀。這種擁有大型複眼的大型動物果然是「史上最初的霸主」。

「大就是強」或許真的是從生存競爭之初就有的原則。

嗆辣的小不點

對了，我的個子很小，在國中、小按身高排座位的時候，從沒坐過一二排以外的位置。在國中的游泳池裡，還曾經因為腳踩不到池底，差點淹死。現在坐擠得像沙丁魚罐頭的電車時，也要仰著頭才能抓到吊環。我目前的職業是科普作家，開了一間個人工作室；跟大企業比起來就像小蝦米對大鯨魚，但也算是怡然自得的自由工作者。

對我來說，如果單純用「大就是強」的結論來為本章畫下句點，其實有點不太服氣（鬧彆扭），所以最後想提一下「可是活下來的卻是『小蝦米』」這個事實。

當「史上最早的霸主」奇蝦類縱橫天下，有一種海洋動物全長二到三公分，沒有牙齒、沒有下顎，鰭也不發達，乍看之下是生態系中的弱者——那就是「魚」（註），是最早的脊索動物，也是我們遠古的先祖。

奇蝦類自此之後仍繼續長大，大約四億八千萬年前還出現全長兩公尺的大型種，卻突然「弱化」，最後在大約四億年前滅絕。另一頭，魚在那之後也一直延續，而且愈來愈多樣化，後來站上了海洋生態系的金字塔頂端，直到今天。

暴龍也是如此，毀滅於距今約六千六百萬年前。然而，從同為獸腳類群演化而來的鳥類幾乎都是小型、輕量的種類。牠們在大約六千六百萬年前留下子孫，現在則掌握了制空權。

大就是強，但最後的「贏家」其實是小型種。

就像山椒雖然小顆，其實後勁十足，嗆辣非常。

審定註：其實是一種稱為「昆明魚」的無頷類。

隆隆隆隆……

滅絕還是存活，終究要靠運氣

——所以不要想太多

生命史大事記

撞上地球的小行星

・約六千六百萬年前發生
・行星的直徑為十公里左右
・墜落在墨西哥的猶加敦半島近海
・撞擊的時速為七萬兩千公里
・墜落地點附近的溫度超過一萬度

哇啊啊啊啊——

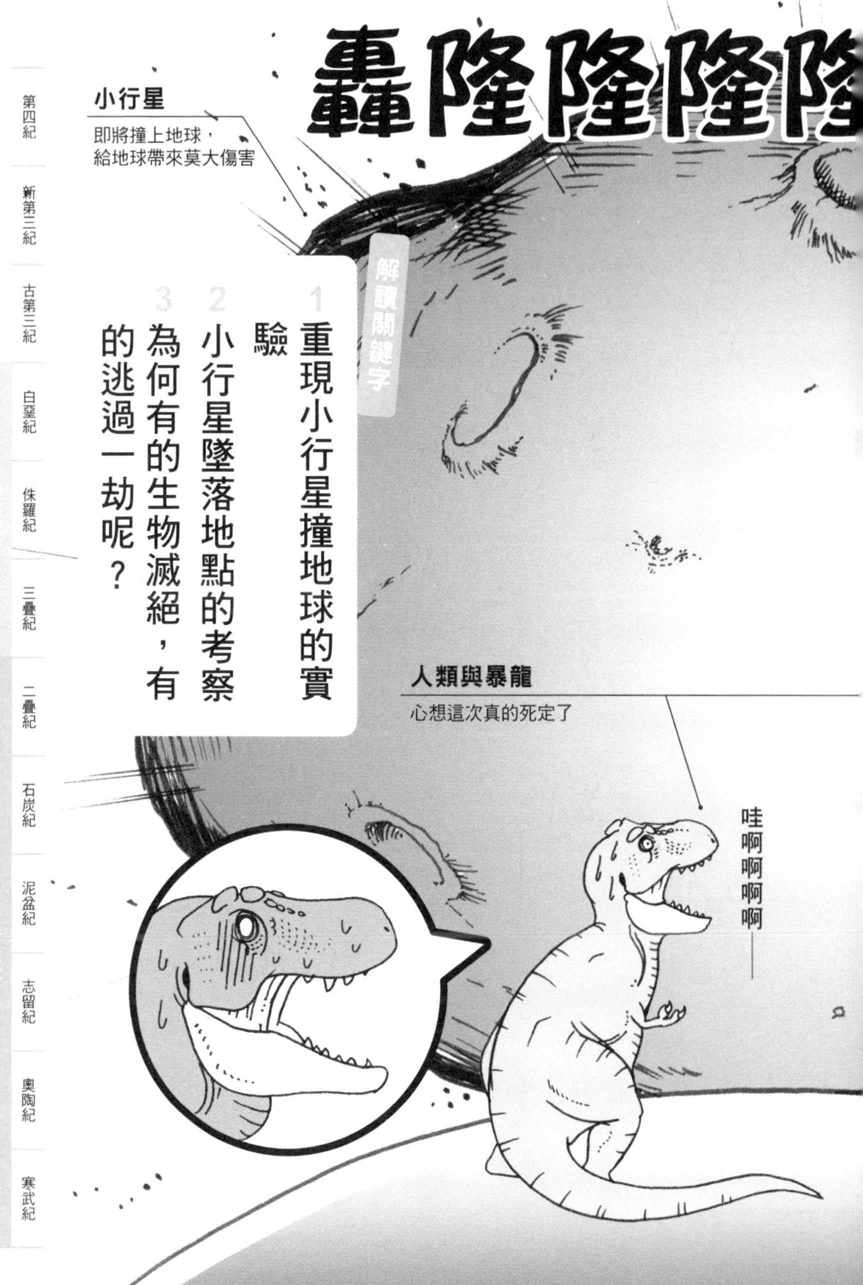

解讀關鍵字

1. 重現小行星撞地球的實驗
2. 小行星墜落地點的考察
3. 為何有的生物滅絕，有的逃過一劫呢？

在約一億六千萬年前，號稱「史上最強陸地動物」的肉食性恐龍「**暴龍**」（*Tyrannosaurus*）就這麼誕生了。牠們的下顎又大又硬，具有古今中外的陸地肉食動物望塵莫及的破壞力，還擁有優秀的嗅覺。這種恐龍擁有其他恐龍無法匹敵的「肉食性能」，又稱為「超肉食性恐龍」。

當然也不止暴龍。大約六千六百萬年前，恐龍一族正欣欣向榮。根據倫敦帝國理工學院的阿爾菲奧．亞歷桑德羅．基亞雷札等人於二〇一九年發表的電腦解析結果，爬行動物可能曾發展出更多分支。而當時不光是陸地上有恐龍，天上還有翼龍，海裡則有全長超過十公尺的滄龍類等，占據生態系的金字塔頂端。

那時，世界是屬於威力十足的大型動物的，牠們彷彿會永遠存續下去。然而，一顆小行星大大改寫了歷史。

大約六千六百萬年前，直徑十公里左右的小行星墜落在墨西哥的猶加敦半島。

直徑十公里的長度，相當於行駛於東京的山手線直徑，池袋站與品川站之間的直線距離恰恰就是十公里，所以各位可以想像一顆大小跟山手線內側差不多的小行星墜落在地球上。附帶一提，大阪環狀線的弁天町與京橋之間的直線距離為七公里多一

點；如果是名古屋的名城線，大曾根與新瑞橋間的直線距離為八公里多一點。所以那顆小行星連大阪環狀線或名城線圍起來的範圍都容納不下。

千葉工業大學的後藤和久撰寫於二〇一一年的《一槌定音！恐龍滅絕論戰》（岩波書店）對這起小行星撞地球的始末寫得很詳盡。根據這本書的說明，小行星撞上地球的時速高達七萬兩千公里，相當於只要兩分鐘就能從札幌直達沖繩。

推估這起行星撞地球的衝擊超過芮氏規模十一。二〇一一年發生在日本東北的三一一大地震，芮氏規模為九．〇。芮氏規模是一種單位，每增加「一」代表震幅增十倍，能量增加約三十二倍；那麼規模十一，等於是東日本三一一大地震能量的三十二倍再乘以三十二倍。換句話說，當時地球受到超過東日本大地震一千倍的衝擊。據說產生的能量是廣島原爆的十億倍，小行星墜落地點附近的氣溫瞬間飆破一萬度。

由於墜落地點大部分都是海洋，所以發生了海嘯。至今還不確定上述的海嘯沖到多高，研判至少有三百公尺。以現代日本來說，海嘯大約捲到了靠近東京鐵塔頂端的位置。

當灼熱的高溫終於降下、海嘯也平息之後，真正恐怖的還在後頭——地殼表層因為受到撞擊被掀起，變成細微的粒子在空氣中飛舞，擋住陽光。結果導致地球接收的日照量大幅降低，氣候變得極端寒冷，這樣的現象就叫作「核冬天」。

核冬天持續了多久眾說紛紜，總之天氣太冷，植物就長不出來；植物的數量一旦減少，植食性動物就會跟著減少；植食性動物的數量一旦減少，肉食動物也會跟著減少。就這樣，許多動物陸續從世界上消失。而隨著這場驚天動地的小行星撞地球，長達一億八千六百萬年的中生代至此告一段落。

墜落的地點太糟糕了

雖然科學家認為恐龍滅絕的關鍵原因，就在於規模相當於山手線範圍的小行星撞上地球，但近年來，開始有人提出不太一樣的看法。

首先，小行星撞地球的論述依然是中生代末期動物大滅絕最有說服力的假設，這點不容置疑。這個假設發表於一九八〇年，後來的研究發現許多足以支持這個假設的佐證。雖然這些證據也能支持其他假設，但除了小行星撞地球一說外，沒有其他假設能解釋所有的證據。

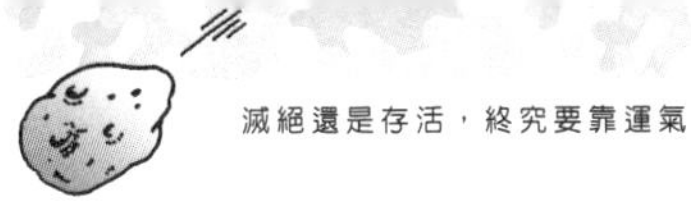

然而，小行星撞地球說也有其「弱點」，例如對海棲動物的影響。發生在中生代末期的大滅絕，導致各式各樣海棲動物在此滅絕。前述的核冬天劇本可以解釋陸上動物之所以滅絕，但是適不適用於海棲動物，則還是個未知數。另外，在幾乎所有恐龍都滅絕的情況下，其家族成員之一的鳥類卻倖免於難，而跟恐龍同屬爬行動物的鱷類、烏龜、蛇都倖存了下來，哺乳類也存活至今。為什麼會演變成這種天壤之別的下場，原因至今還不確定。

在二〇一〇年以後的學界，有項研究受到矚目，它雖然以小行星撞地球為前提，但更深入探究了細節。例如由千葉工業大學的大野宗祐等人，發表於二〇一四年的研究報告中提到，小行星撞上地球的地方是含有大量硫磺的地層。這項觀點備受注目。

大野等人利用超高強度的脈衝雷射裝置，以及跟撞擊地點相同成分的岩石，並藉由室內實驗重現小行星撞地球的情況。結果指出，因為受到小行星的撞擊，大氣層中可能充滿了容易變成硫酸的物質。而容易變成硫酸的物質與大氣層中的水分結合後，就變成了酸雨。大野等人的研究指出，小行星撞地球後，地球應該連續下了好幾天酸雨。

對陸上的植物而言，酸雨會帶來嚴重的傷害，導致植物枯死、長不大、數量減少。再加上核冬天造成日照量減少，陸地上的生命等於受到雙重打擊。然而另一方面，酸雨也對海洋中的動物造成很大的影響，大規模的酸雨會讓海水變成酸性。

浮游生物可說是海洋生態系的基礎，支撐著以浮游生物為食的食物鏈，以及整座海棲動物的生態金字塔。而浮游生物的身體由碳酸鈣等成分構成，很容易溶解於酸性的環境裡。因此從結果來看，海洋生態系從根本受到撼動，大規模的酸雨導致海棲動物大規模滅絕。

根據東北大學的海保邦夫等人發表於二〇一六年的研究顯示，小行星撞地球時產生了大量的「煤灰」。位於撞擊地點的地層含有大量有機物，這些有機物因為小行星撞地球，變成了煤灰散布在空氣裡。

大氣層中的煤灰遮住陽光，導致地球變得寒冷。這點與核冬天的假說如出一轍。然而，根據海保等人的研究，這次的寒冷可能沒有過去以為的那麼嚴峻，其影響依地球的緯度而異。也就是說，中高緯度有大範圍的地區氣溫下降，低緯度的地區則沒有降得那麼厲害。

那麼，低緯度地區的動物豈不就能活下去了嗎？倒也未必。海保等人用電腦計

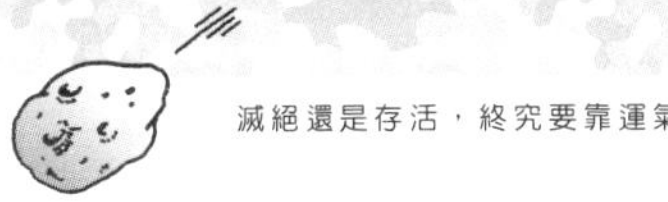

算煤灰量的結果，發現低緯度地區也跟其他變冷的地區一起乾燥化，植物終究還是難逃枯死的命運，擺脫不了滅絕的惡性循環。

二〇一七年，海保與日本氣象廳氣象研究所的大島長一起發表了一份研究報告，內容指出，含有「該假說所需的有機物含量的地區」還不到地球表面的百分之十三。舉例來說，假設小行星當時是撞上日本附近或亞洲、非洲、印度等大陸內陸部分，釋放出來的煤灰量可能就不足以導致物種滅絕，這樣恐龍說不定就能活下來了。

從以上一連串的研究結果可以看出，大約六千六百萬年前的大滅絕可能是因為「小行星墜落的地點太糟糕了」。如果是掉在不容易產生硫酸及煤灰的地方，地球的生命史可能會往完全不同的方向發展也未可知。

說穿了，其實就是當時的動物運氣太差了，即使是曾傲視地球的恐龍，或許也戰勝不了運氣。

好不容易苟活下來

大約六千六百萬年前發生了大滅絕後，陸地上的世界也迎來重大的轉折。原本盤踞生態系金字塔頂端的恐龍大部分都滅絕了，在那之後建立起繁榮盛世的，就換成了哺乳類和可以算是恐龍類中的倖存者，鳥類。

不過，哺乳類及鳥類也不是「毫髮無傷」。

東京國立科學博物館的富田幸光等人在二〇一一年出版的《新版　滅絕哺乳類圖鑑》裡，有一張圖片以「現存的主要哺乳類群在中生代的系統與多樣性」為題。圖中總共列舉了八類在中生代出現，並保存命脈直到中生代末期的哺乳動物類群，分別是「單孔目」、「真三尖齒獸類」、「多瘤獸類」、「鼴獸類」、「原始的汎獸類」、「原始的北方齧齒類」、「有袋類」、「有胎盤類」。然而，其中只有一半戰勝了中生代末期的大滅絕，分別是「單孔類」、「多瘤類」、「有袋類」、「有胎盤類」，而且「多瘤獸類」在那之後沒多久也滅絕了。

在中生代出現的哺乳類，也在當時發展出各式各樣的類型，其中有像是現存的鼯鼠那樣能在天空飛的種類、像土豚一樣會挖洞的種類，以及會襲擊恐龍幼體來吃的種類等等。然而，這些都屬於真三尖齒獸類，而這個類群在中生代末期滅絕了。這種生態的多樣性可能在真三尖齒獸類滅絕之後，又發生趨同演化（參照〈⑩演化的贏家驚

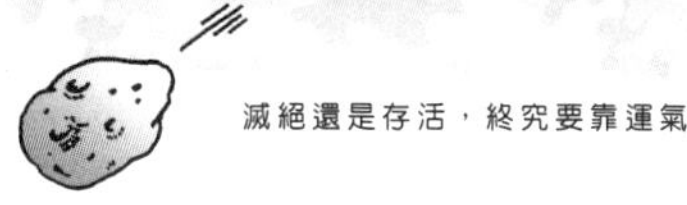

人地相似〉），才會在現代看到類似的動物。

在中生代建立起相當榮景的各種哺乳類群，有的滅絕，有的衰退，唯有「單孔目」、「有袋類」、「有胎盤類」在下一個時代還能風雲再起，其原因至今仍不是很清楚。

由於大部分滅絕的哺乳類都是卵生，也有人認為會不會是在肚子裡懷胎的生殖行為，發揮了保護作用？問題是，單孔目也是卵生；而有袋類雖然不是卵生，但生下來的胎兒還處於未成熟的狀態（尚未完全發育的狀態）。「單孔目」、「有袋類」、「有胎盤類」為什麼能挺過中生代末期的大滅絕，存活到現在呢？至今仍是未解之謎。

鳥類雖然沒有留下像哺乳類那麼詳細的資料（鳥類的骨頭持續輕量化，所以很容易損毀，不容易留下化石），但根據研究，可能還是受到了相當大的打擊。

真相是，即使戰勝了大滅絕，哺乳類及鳥類或許也只是「苟延殘喘活了下來」。

那麼到底是什麼條件讓牠們能苟活下來呢？到最後說不定還是「運氣」問題。

我也非常期待未來會出現新的研究與發現。

也有人不怕你虛張聲勢

——早點認清才能存活！

人類

漠不關心地看著小動物間的爾虞我詐

虛張聲勢的馬瑞拉蟲

我有刺喔，顏色也很噁心！

虛張聲勢的怪誕蟲

我有刺喔，會痛喔！

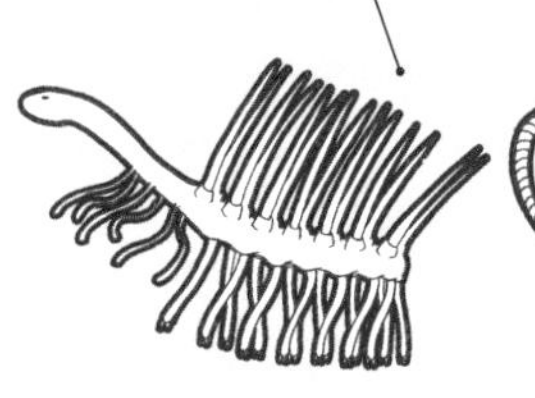

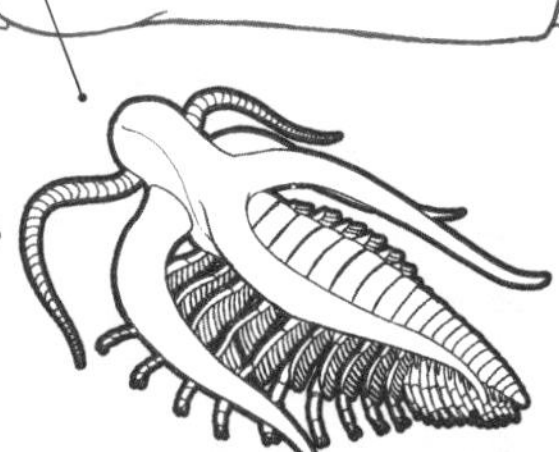

快速認識古生物

狄更遜水母

- 在澳洲及俄羅斯發現化石
- 直徑從一公分左右～超過一公尺，大小各異
- 不太清楚哪頭是前是後

怪誕蟲

- 全長三公分左右
- 背上有兩排刺
- 有七對、共十四隻腳

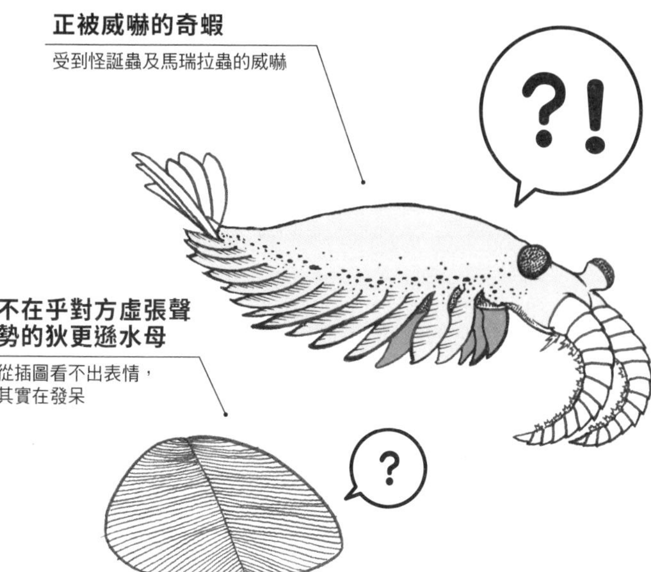

解讀關鍵字

1 艾迪卡拉紀的生物
（大約六億三千五百萬年前～五億四千一百萬年前）

2 寒武紀的生物
（大約五億四千一百萬年前～四億八千五百萬年前）

3 眼睛的誕生

有一種叫「招潮蟹」的螃蟹，公蟹的其中一個蟹螯比另一個更巨大。這種螃蟹受到攻擊時，會用力地揮舞巨大的蟹螯來嚇跑對方。也有一種叫「歐洲大蟾蜍」的青蛙。當天敵接近，牠會大口吸氣讓肺部隆起，使自己的身體看起來比實際上大。

另外，一種叫「響尾蛇」的蛇，當感

覺生命有危險時會搖尾巴，使尾端發出獨特的聲響。而名為「紅鹿」的鹿，在繁殖期雄鹿為了爭奪雌鹿，會先互相低吼威嚇，然後並排走路。以上兩個動作都有誇耀自己體積龐大的意思。

不過離我們最近的例子，或許是貓咪，牠們會齜牙咧嘴地哈氣。以上這些都是叫作「示威」或「威嚇」的行為，用比較文謅謅的方式表達，就是在虛張聲勢。

動物為什麼要虛張聲勢呢？其中一個原因可能是為了避免不必要的打鬥。如果百分之百勝券在握，動物根本不需要誇示自己的存在，只要趁對方不注意的時候先發制人，撂倒對方即可。問題是，有把握自己一定會打贏的狀況，實在不太可能出現。尤其當對手是身體特徵與自己大同小異的同類，即使打敗對方，也不太可能毫髮無傷。

在自然界裡，就算只受了一點小傷也可能危及生命，所以如果能迴避戰鬥，自然是最好的選擇。

只不過，如果要虛張聲勢，就必須讓對方「害怕」那個行為。

招潮蟹的大螯必須讓對方產生「螯愈大，破壞力愈強」的認知；狗齜牙咧嘴的行為也是要讓對方知道自己有「牙齒」這項武器，進而讓對方理解牠的牙齒又粗又尖很恐怖。

響尾蛇發出聲音則是為了強調自己有毒，跟一般的蛇不同。倘若對方欠缺「響尾蛇有毒」的認知，這個行為也只不過是單純地發出聲音而已。歐洲大蟾蜍或紅鹿誇耀自己的體型，是為了彰顯動物界「大就是強」的法則，所以對方必須先有「大就是強」的概念才行。

也就是說，虛張聲勢必須在對方理解的前提下才有效。

不用虛張聲勢的世界

回顧生命的歷史，以前其實有稱得上是「樂園」的時代。那是大約六億三千五百萬年前到五億四千一百萬年前，名為「艾迪卡拉紀」的地質時代。

艾迪卡拉紀最有名的，莫過於確認到生命史上第一次真正能用肉眼看出來的生物群。生命自誕生以來，長達三十億年生物的大小都需要用顯微鏡才能辨認，直到這個時代才初次大型化。

然而，艾迪卡拉紀的生物跟我們想像中的生物有點不太一樣。幾乎所有被發現的化石身上都沒有攻擊或防禦的要素；不僅如此，也很少生物能夠以一定的速度移動。

例如「**狄更遜水母**」（*Dickinsonia*）是艾迪卡拉紀最具代表性的生物，其化石在澳洲及俄羅斯等地被發現。

狄更遜水母的身體呈橢圓形，身體中間有一條線將身體分成左右兩邊，而左右兩邊各有一排數量極多的肋狀分節；肋狀節並非左右對稱，而是各自前後錯開半截，是其特徵。狄更遜水母的大小從直徑一公分到直徑一公尺都有，琳琅滿目，相當於有的只有一圓硬幣的一半左右，而有些卻像超大座墊那麼大。

除此之外，狄更遜水母沒有其他顯著的特徵，不只沒有腳也沒有鰭，甚至連嘴巴和眼睛都沒有。前面雖然提到「前後錯開」，問題是根本不知道身體的哪邊是前面，哪邊是後面，總之是非常不可思議的生物。大多數學者雖然都認為狄更遜水母是動物，但也有人認為狄更遜水母屬於地衣類（真菌與藻類共生的複合體）。

這樣不太會動的生物，不止狄更遜水母。例如還有一種叫「**三分盤蟲**」（*Tribr-*

achidium）的生物，體積大概跟馬卡龍一樣大，外型很像小籠包。這種生物既沒有腳、沒有鰭，也沒有嘴巴和眼睛。另外，「**帕文克尼亞蟲**」（*Parvancorina*）全長只有幾公分，身體就像被壓扁的扇形，上頭還有「T字」形紋路。這種生物也沒有腳和鰭、嘴巴和眼睛，而且跟狄更遜水母一樣，連前後都無法分辨。

不過也有生物例外，像是「**金伯拉蟲**」（*Kimberella*）。牠的背上有個貌似淡菜的構造（不過只有形狀像淡菜，質地並不堅硬），身體周圍有鰭。學者發現這種動物有將海底往自己身體的方向刮搔的痕跡，認為牠們是在蒐集沉積在海底的有機物來吃。既然會吃有機物……就代表牠們有嘴巴。金伯拉蟲的大小為直徑十五公分左右，學者藉由諸多特徵，將牠們分類為軟體動物（跟章魚、烏賊、蛞蝓同類）。

像金伯拉蟲這種連分類都可以確定的生物，在艾迪卡拉紀實屬罕見，絕大多數的生物都不具備與攻擊或防禦有關的武裝，也沒辦法高速移動。換句話說，在艾迪卡拉紀這個時代，還沒正式展開吃與被吃的食物鏈，大家都和平共處，悠然慢活著。於是世人比照舊約聖經的「伊甸園」，稱這個世界為「艾迪卡拉園」。

艾迪卡拉紀的下一個時代稱作「寒武紀」。在艾迪卡拉紀之後，地球迎來長達約兩億八千九百萬年的古生代，而寒武紀正是古生代最初的「紀」，年代介於約五億四千一百萬年前到約四億八千五百萬年前，大概歷時五千六百萬年左右。

到了寒武紀，動物們突然變得充滿活動力與攻擊性。

就拿「**怪誕蟲**」（*Hallucigenia*）來說，牠全長三公分左右，身體呈現軟管狀，有七對共十四隻腳，而且彷彿跟腳對應一般，背上還有兩排刺。

除此之外，三葉蟲這個家喻戶曉的類群也出現在這個時代。牠們擁有碳酸鈣製成的硬殼，有些種類的硬殼邊緣還會長出尖銳的刺；殼底下有許多腳，體型以全長數公分的種類占多數。

也為大家介紹一下「**馬瑞拉蟲**」（*Marrella*）吧。馬瑞拉蟲全長兩公分左右，頭部長出兩對共四隻角，分別伸向左右及後方，細小的身體底下有很多隻腳。據說馬瑞拉蟲的角就像現代的光碟背面，閃爍著宛如七彩霓虹的光芒。

基本上，化石幾乎不會留下色素，所以馬瑞拉蟲也不是真的留下了色素，而是被發現牠們角的表面有細微的凹凸溝槽，光線會被那些溝槽「擴散反射」。這種不帶色素的顏色稱為「結構色」。科學家已經證實寒武紀的生物中，有好幾種動物都擁有結構色。

我們絕對不能不提到這個時代最具代表性的動物「**奇蝦**」（*Anomalocaris*）。奇蝦體型巨大，全長可達一公尺；身體兩側長了很多鰭，頭部的前端則有兩條大觸手，觸手長著尖銳的刺。

由此可見，寒武紀的動物已經具備移動的手段，「武裝化」也正在進行當中。活在有「樂園」之稱的艾迪卡拉紀的生物，與活在寒武紀、充滿活動力與攻擊性的動物，為什麼會有這些差異呢？

一般認為是因為生物長出了「眼睛」。

無論是怪誕蟲的刺、三葉蟲的刺，還是馬瑞拉蟲的刺，如果對方不覺得這些刺很危險，就一點意義也沒有了；馬瑞拉蟲的結構色也必須先讓對方看見才有意義。換句話說，包括寒武紀的代表性掠食者奇蝦在內，這個時代的動物都有「眼睛」。有沒有眼睛正是寒武紀與艾迪卡拉紀的生物最大的差別。正因為對方有眼睛，刺等武裝才有意義。

古生物學有個假設，認為長出眼睛是促使寒武紀的動物演化的前提。大英自然史博物館的安德魯・派克在《第一隻眼的誕生》（貓頭鷹出版）這部著作裡，稱這個假設為「光開關理論」。

我以前擔任科學雜誌《牛頓》的編輯時，曾經訪問過派克。當時，派克用了一句話形容寒武紀的動物們，令我印象深刻。那句話是「Armaments are ornaments」，應該可以翻譯成「武器只是裝飾」。

先不管出現在寒武紀動物身上的刺等武裝，實際用來防禦時到底有沒有作用，重點在於「有刺」這個現象本身。也就是說「虛張聲勢」是很重要的。

「我有刺喔，太靠近會有危險喔，別靠近我。」——刺代表了這個意思。

可是對方如果沒有眼睛，虛張聲勢便毫無意義了。

也就是說，虛張聲勢要在對方理解的情況下才有意義，人類社會也一樣。中國古代的兵法書《孫子兵法》也提到虛張聲勢在各式各樣的情況下都很重要，是談判的基本功。然而也不是對誰都能虛張聲勢。虛張聲勢有沒有效，端看對方能不能理解你其實是在虛張聲勢。

演化的贏家驚人地相似

——那麼只要有樣學樣不就行了？

快速認識古生物

狹鰭魚龍

- 侏羅紀前期（約一億八千萬年前）的魚龍目
- 全長約三・七公尺
- 長得跟海豚（哺乳類）很像

解讀關鍵字

1 魚龍目

2 歌津魚龍

3 趨同演化

海帶
輕柔地漂搖

人類
優雅地游泳

綜觀生命的長河，地球上出現過許多「外表（體型）長得很像」的動物。如果是親緣相近的種類，長得大同小異也是理所當然的。

舉例來說，狗和狼就長得很像。據學者研究，這兩種動物的親緣相近到幾乎可

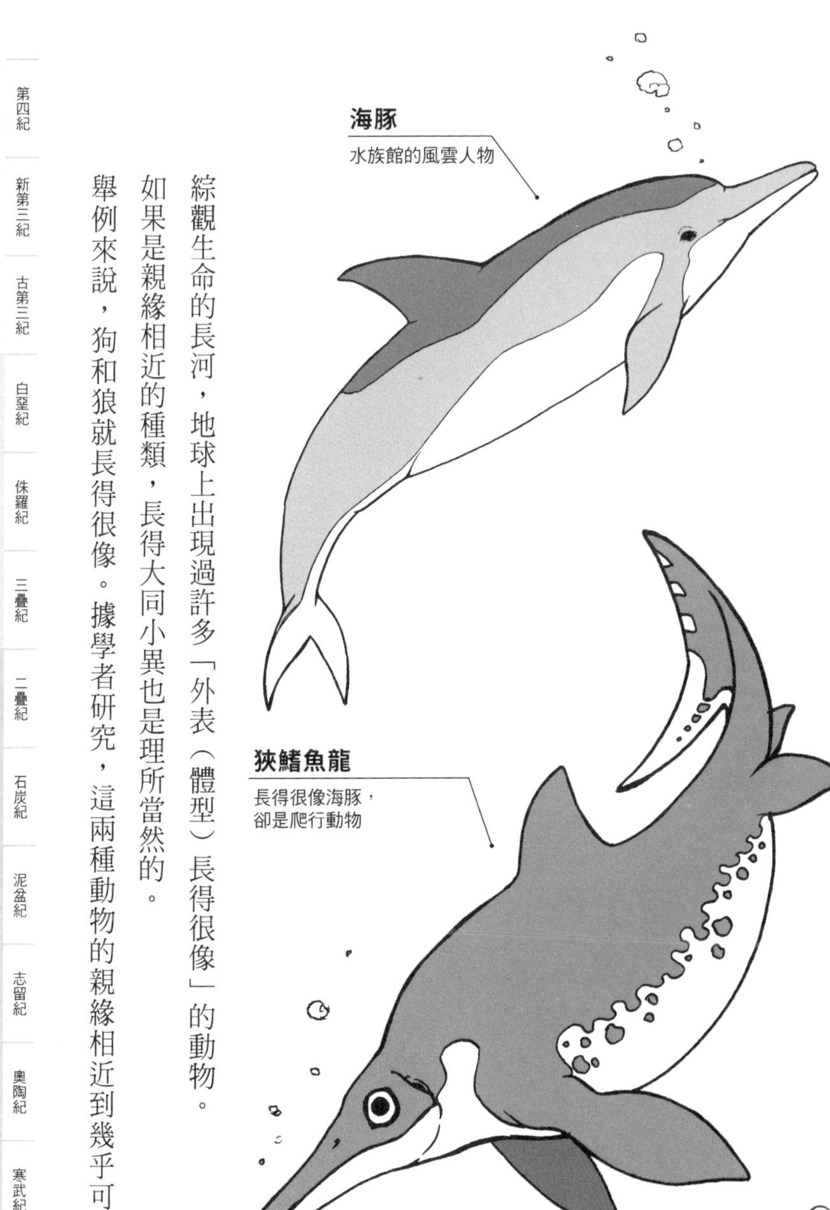

以視為同一種。另外，貓、獅子、老虎、豹都是「貓科動物」的成員，只差在體型大小、有沒有鬃毛，樣子也是大同小異。

不只哺乳類，鱷目的短吻鱷和鹹水鱷長得也差不多；而青蛙類的樹蟾和牛蛙大小雖然差很多，外型基本上相去無幾。

親緣相近，又是同一個類群的成員，表示在生物的設計圖中有其共通的基因密碼。因此親緣關係愈近，當然也會長得愈像。

然而，即使是完全不同類群的動物，經過演化後，卻也可能長得很像。

與「出身」無關

有一種叫「魚龍目」的類群出現在中生代三疊紀初期，是大約兩億四千八百萬年前的海棲爬行動物；其命脈延續到白堊紀中葉，約九千萬年前。雖然名字裡有個「龍」字，但是全然不是恐龍類，只是與恐龍同屬爬行動物類群。硬要說的話，比較接近《哆啦A夢：大雄的新恐龍》裡的因為「P助」而打開知名度的蛇頸龍類（蛇頸龍也不是恐龍）。

魚龍類的生存範圍遍及全世界，在日本、歐洲及美洲都發現過魚龍類的化石。

魚龍類剛出現在地球上時，外型就像四肢變成了鰭的蜥蜴。「**歌津魚龍**」（*Utatsusaurus*）是目前已知最早的魚龍類，全長兩公尺左右，身體細細長長，擁有變成鰭的四肢；尾巴末端就像「新月的下半部分」，形狀很奇怪。附帶一提，「歌津」取自日本宮城縣南三陸町的舊地名，也就是說，最早的魚龍化石出現在日本。

以這種獨特的外型展開生命之旅的魚龍類，經過長達數千萬年的演化，逐漸擺脫了蜥蜴的形象。就拿「**狹鰭魚龍**」（*Stenopterygius*）來說，牠出現在大約一億八千萬年前的侏羅紀前期，全長三．七公尺左右，擁有圓錐狀的身體和變成鰭狀的四肢，背部還長出了三角形的背鰭；尾巴末端也是新月形的尾鰭，嘴尖筆直地往前突出。外型跟在地上爬的蜥蜴簡直天差地遠，硬要說還比較像鯊魚。

雖然魚龍目在白堊紀的中葉就消失了，但現在的海域還有長相神似的動物。擁有圓錐狀的身體和變成鰭的四肢，背部還長出了三角形的背鰭，尾巴前端則是新月形的尾鰭，嘴尖筆直地往前突出……聽起來就像小型的齒鯨類，也就是海豚所屬的類群。

海豚所屬的齒鯨類與魚龍類外型最大的差異，在於尾鰭是橫向還是縱向（當然，學術上還有好幾個更細緻的差異）。不過，齒鯨是哺乳類，和我們人類屬於同個類群，跟屬於爬行動物的魚龍類具有根本上的差異。爬行動物與哺乳類分別屬於兩個不同的支系，而兩者明確地一分為二則是超過三億年以前的事。

儘管類群不同，外表卻極其相似。

魚龍類和齒鯨類都是悠游於海中的「海棲動物」。這類生物的生存策略在於要盡量排除水的阻力，有效率地游泳，才會演化成大同小異的外型。

外表相似，內在亦如是

專家學者指出，魚龍類與齒鯨類的相似處可不只「外型」。

二〇一八年，瑞典隆德大學的約翰·林格倫等人分析了保存得極為完整的狹鰭魚龍化石，提出了這樣的研究成果。至於什麼是「保存得極為完整的化石」，指的是該化石保存了通常不會留在化石上的細胞等級的資料。

根據林格倫等人的研究，狹鰭魚龍靠近背部的身體表面顏色比較深、靠近側腹部的顏色比較淺。這種顏色的配置與齒鯨類有異曲同工之妙。

背部的顏色比較深、側腹部比較淺的配色當然有其意義。背部的顏色比較深，當天敵游在比自己淺的海域，往下看的時候就不容易發現自己；至於側腹部的顏色比較淺，則是當天敵游在比自己深的海域，往上看的時候就不容易發現自己。無論狩獵或躲避天敵，這樣的身體特徵都非常有用。

另外，研究報告也指出，為了保持一定的浮力與體溫，魚龍類具有皮下脂肪，而齒鯨類也有這層皮下脂肪。換言之，屬於爬行動物的魚龍類與屬於哺乳類的齒鯨類不只外表長得很像，連皮膚表面的顏色與皮下脂肪都如出一轍。

相同外觀是成功的關鍵

有個專業術語可以用來描述不同類群的動物經過演化，結果長成大同小異的外型，稱為「趨同演化」，或者簡稱為「趨同」。

趨同演化的前提，是生物要生活在相同的環境、採取相同的生存策略。生物會演化成最適合在那個環境活下去的樣子，並採取相同方式生存，因此無論外型或內在都會愈來愈像。

經過上述趨同演化的結果，魚龍類盛極一時，而齒鯨類的繁榮則是現在進行式。魚龍類和海豚都不是有意模仿對方，而是遵循演化的結果，自然而然地變成相同的模樣。不過這樣的演化只限於「優異的生活形態」。反推到現代人身上，我們也應該可以找到優異的生活形態，加以模仿，刻意地進行「趨同演化」。

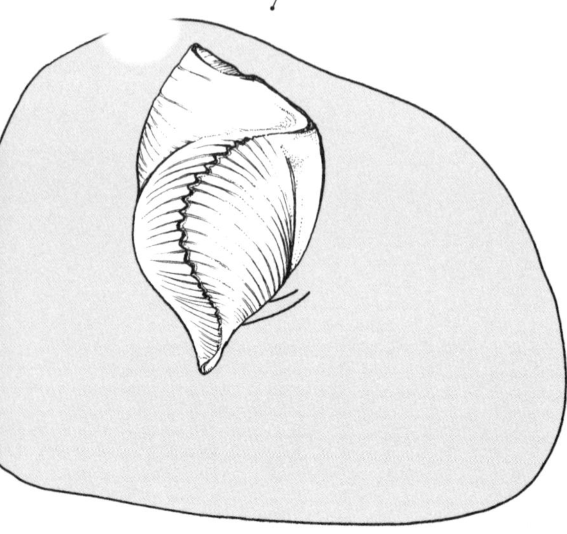

懶惰也是卓越的生存策略！

快速認識古生物

石燕
・最大的石燕寬約六公分
・以最小的動作覓食

瓦氏貝
・形狀像鑷子
・就連最小的動作都不想做，懶散過活

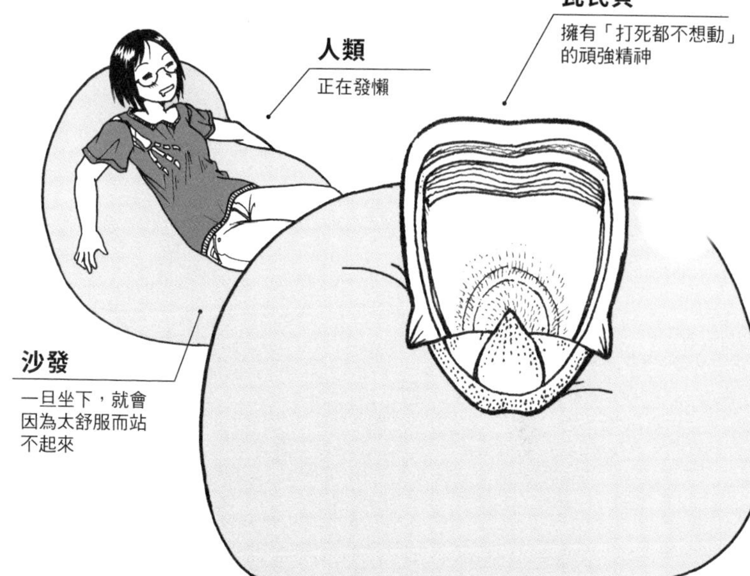

解讀關鍵字

1 **泥盆紀**（大約四億一千九百萬年前～三億五千九百萬年前）

2 **腕足動物**

3 「懶惰蟲」的過人之處

一般提到「軟體動物」，大家不是想到章魚、烏賊，就是菊石這種古生物。這些動物是軟體動物中名為「頭足綱」的家族成員。

另外，海瓜子或蜆（蜊仔）則是比章魚或烏賊更為日本人所熟悉的軟體動物。想必很多讀者常喝的味噌湯裡就有蜊仔吧。帆立貝、蛤蜊、牡蠣也是軟體動物，以上這些都屬於名為「雙殼綱」的類群。

顧名思義，雙殼綱是有兩片殼的動物。仔細觀察雙殼綱的殼，單獨一片的殼並非左右對稱，而是成對的殼互相對稱。殼裡則塞滿閉殼肌及內臟等等。

站在生命史的觀點，雙殼綱是大贏家，牠坐擁四億七千萬年以上的歷史，只要有水，不管在海水、淡水、半鹹水中都能活下去。目前種類多達三萬種，根據日本分類學會聯盟的官網紀錄，光是日本周圍的海域就超過一千種。

好吧，開場白太長了，本篇要介紹的並不是這些贏家，而是長得跟這些贏家大同小異、過去曾繁榮過一時的動物，叫作「腕足動物」。

有氣無力的極致

腕足動物是「一枝獨秀」的類群。在分類等級上，腕足動物與軟體動物是同個層級，都是「門」這個單位（腕足動物門與軟體動物門）。同樣屬「門」這個單位的，還有節肢動物門（昆蟲及螃蟹等）及脊索動物門（所有的脊椎動物）。

腕足動物的外表乍看之下與雙殼綱大同小異，都有兩片貝殼，以鉸齒（接合處有

如絞鏈的結構）或肌肉連結兩片殼。不過，仔細觀察就能發現兩種殼長得不太一樣。雙殼綱單一片的殼並非左右對稱，而腕足動物單一片的殼則是左右對稱的；再者，雙殼綱兩片殼互相對稱，腕足動物的兩片殼則並不對稱。

腕足類與雙殼類的內部構造比外觀差異更大。石灰質的殼在腕足動物的內部形成螺旋構造；牠們長有觸手，會用觸手捕捉水中的有機物來吃。

腕足動物的歷史雖然跟雙殼類一樣古老，但是腕足動物的現存種遠少於雙殼類，只有三百八十種左右。以日本周邊來說，在有明海採集到的海鮮「鴨嘴海豆芽」就是腕足動物。

儘管腕足動物的現存種遠少於雙殼綱，卻曾是個大類群，化石多達五萬種，其中絕大部分都是古生代（約五億四千一百萬年前到兩億五千兩百萬年前）的生物，特別在古生代中的泥盆紀（約四億一千九百萬年前到三億五千九百萬年前）大大繁榮過一時。

泥盆紀的腕足動物中，種類最多的當數石燕家族，以「**擬石燕**」（*Paraspirifer*）為代表。最大的石燕寬六公分左右，擁有宛如船的龍骨般往前方彎曲的殼。

有關腕足動物的研究，日本以新潟大學的椎野勇太發表的研究報告最有名。椎野把焦點放在石燕獨特的形狀上，經由電腦模擬，揭曉了如龍骨般的殼構造所代表的意義。根據他的研究，龍骨狀的突起有助於將海水引進殼裡，只要稍微打開一條縫，就能讓殼周圍的水流產生變化，可以自然引進周圍的水，而且引進的水會在殼裡自然形成漩渦。這種螺旋狀的水流非常適合長了觸手的螺旋構造。換言之，石燕只要稍微張開嘴巴就能吃到東西。

椎野稱其為「懶到極點的節能生活」。

到了古生代最後一個時代二疊紀（約兩億九千九百萬年前到兩億五千兩百萬年前），腕足動物繼續將這種懶到極點的節能生活發揮得淋漓盡致。這種腕足動物名叫**「瓦氏貝」**（*Waagenoconcha*），體積與石燕差不多，形狀像是用來鏟雪的鏟子。瓦氏貝的兩片殼都不厚，樞鈕軸附近有個三角形的小突起；殼的內部沒有石燕那種螺旋狀的觸手，背面只有薄薄的過濾器官。

這種殼的形狀十分特殊，能（微弱但）自然地將來自四面八方的水流引入殼中。換句話說，瓦氏貝只要待在那裡，食物就會自己送上門來。該說是佛系，還是極致的

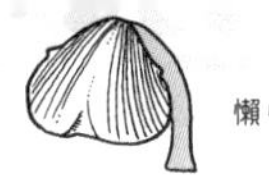

懶惰蟲呢，從某個角度來說，還真是種非常了不起的生存法則。

凡事都有結束的一天

二疊紀末期發生了一場空前絕後的大滅絕，八成以上的海洋生物都消失了。

懶到極點的腕足動物（當然）也無法安然度過這場大災難，瓦氏貝一族都消失了，石燕一族也大量銳減，終至滅絕。於是，雙殼類取代腕足動物，變成海洋生態系裡「生活在水底的有殼動物」。

採取節能策略的腕足動物無法承受環境的變化。當然，目前還有腕足動物的現生種，可見當時並未完全滅絕。雖然沒有滅絕，但是這些「懶惰蟲」從此再也無法在生態系中取得優勢。但換個角度來看，要說腕足動物「儘管如此，也沒有完全滅絕」也沒錯。目前地球上還有大約三百八十種腕足動物。

即使衰退，卻意外地堅韌，或許這也是「懶惰蟲」的其中一種下場。

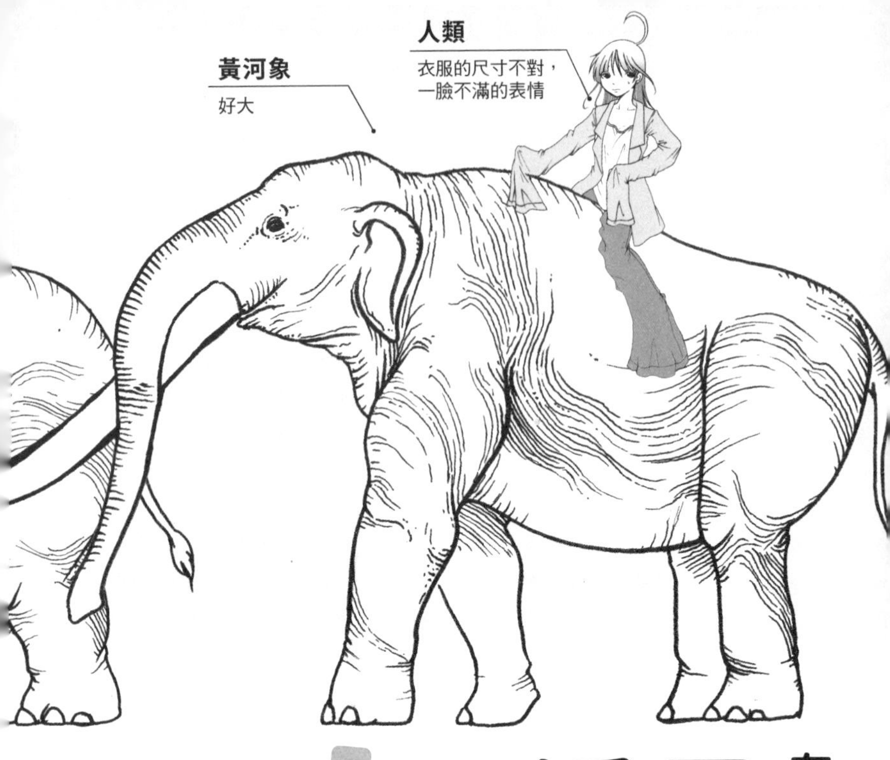

有時也要勇於自我矮化

——只要量力而為地活下去就好了

快速認識古生物

黃河象

- 學名「師氏劍齒象」
- 比長毛猛獁象還大
- 約六百萬年前～五百萬年前

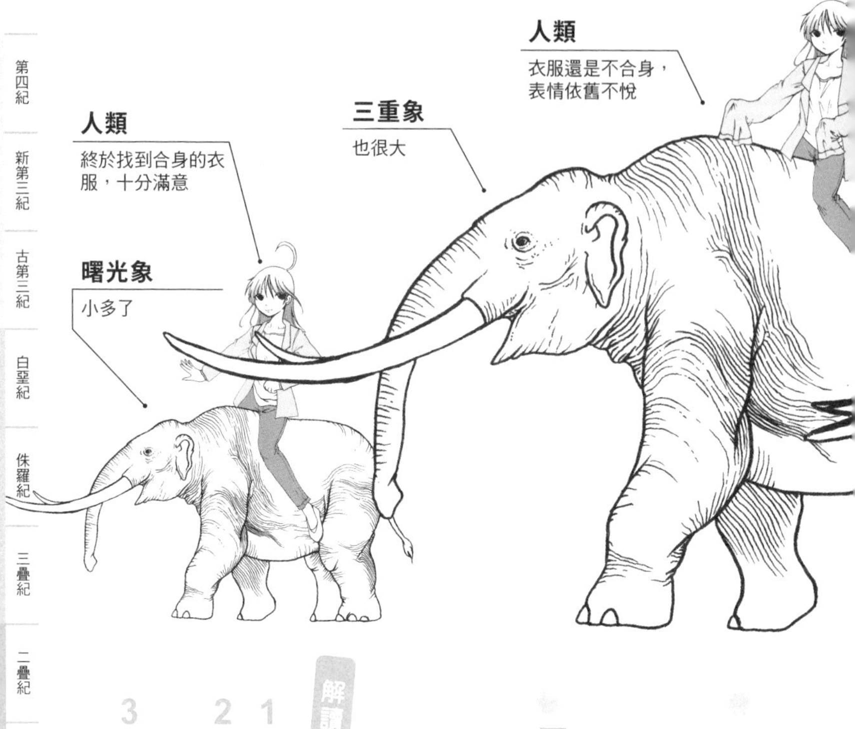

三重象

- 學名「三重劍齒象」
- 比黃河象小一點
- 約四百萬年前

曙光象

- 學名「曙光劍齒象」
- 跟人類的身高差不多（＝小型）
- 約兩百萬年前

解讀關鍵字

1 長鼻目
2 配合環境縮小體型而活下來
3 恐毛蝟

紀元前，中國有段戰亂時代，稱為「春秋、戰國時代」。這個時代誕生了許多思想家，使中國對亞洲與世界的影響比從前更深遠。

其中一位思想家老子創立道教，也留下了許多名言。我想在這裡介紹這句話給各位：「知足者富。」（摘錄自老子《道德經》）

因為是思想家說的話，光這四個字就有各式各樣的解釋。若以望文生義的方式來看，可以解釋為「懂得滿足的人內心富裕」。這句話不只能套用在人類身上，在漫長的生命史中，也有好幾個類群因為「量力而為」地演化，成功留下子孫。

例如大象一族。

窄小的環境不需要龐大的身軀

在哺乳動物中，有種叫「長鼻目」的類群。從「長鼻」兩個字就能知道這是大象的類群。目前活在地球上的長鼻類，只剩下非洲象、圓耳象、亞洲象三種，分別棲息在撒哈拉沙漠以南的森林與熱帶草原、非洲西部與中部，以及印度及東南亞的森林、草原。但其實過去地球上存在過許多長鼻類，猛獁象、古菱齒象等都是長鼻類。

長鼻類多半是大型動物。現存的三種長鼻類中，體積最大的非洲象肩高四公尺，體重最重可達七．五公噸。現在日本的獨棟住宅很流行天花板挑高，可是天花板再怎麼高，都不可能高過四公尺，而七．五公噸的重量顯然也會輕易踩穿地板。

至於滅絕的種類裡，也不乏大小與非洲象一樣的長鼻類。例如棲息在北美的**「哥倫比亞猛獁象」**（*Mammuthus columbi*）肩高四公尺，體積跟非洲象一樣大。而知名度在滅絕的長鼻類中非常高的**「長毛猛獁象」**（*Mammuthus primigenius*）肩高三．五公尺，比非洲象稍微小一點。在中國內蒙古自治區找到的化石**「松花江猛獁象」**（*Mammuthus sungari*）肩高五公尺，比非洲象還大一號。順帶一提，日本茨城縣自然博物館展示著松花江猛獁象的全身還原骨骼模型，有興趣的人請務必親自走一趟，親眼感受牠的大小。

隨著不斷演化，長鼻類變成了大型動物。其實最早長鼻類的肩高只有六十公分左右，外型跟侏儒河馬類似。後來長鼻類不斷長大，進而變得繁榮。前面的章節〈⑦大就是強！〉就列舉了肉食動物大型化的例子，而植食動物中也有因為大型化而成功的案例。體積愈大，就愈不容易受到肉食動物的攻擊。以前地球上大約有一百七十種長鼻類，全盛期除了澳洲大陸與南極大陸，長鼻目遍布所有的大陸上。

話說回來，「大」也表示需要大量的糧食。根據由東京動物園協會經營的官方網站「非洲象小常識」指出，非洲象每天要吃掉二～三百公斤的草木、喝一百公升以上的水。

雖然不確定已經滅絕的長鼻類食量多大，但如果是同個類群、同種體格的動物，食量應該不會差太多。

需要大量的糧食，也意味著如果得不到那麼多的糧食就會餓死。而長鼻類過去也曾配合周圍環境逐漸小型化，量力而為地留下子孫。那種長鼻類叫「**劍齒象**」（*Stegodon*），生活的舞臺就在日本列島。

劍齒象的外型跟大象或猛獁象大同小異，最明顯的差異在於牙齒的彎曲方向。大象及猛獁象的牙齒是先往外彎曲，前端再往內彎。相比之下，劍齒象的牙齒是先往內長，前端再往外彎曲。還有，相較於大象跟猛獁象在長鼻目中隸屬於「象科」這個類群，劍齒象則屬於另一個類群「劍齒象科」。

劍齒象起源於中南半島，在距今約六百萬年前～五百萬年前來到日本列島。當時

的海平面比現在還低，日本列島跟亞洲大陸連在一起。

有好幾種以劍齒象為名的種類，例如這時來到日本列島的種類名叫「**師氏劍齒象**」（*Stegodon zdanski*），又叫「**黃河象**」，顧名思義，其化石最早是在中國黃河流域被發現。

黃河象的肩高約三．八公尺，比長毛猛獁象還大，但比哥倫比亞猛獁象和非洲象小一點。由於長長的獠牙根部過於往內側彎曲，鼻子無法穿過獠牙與獠牙之間，是種很特別的劍齒象。也有學者認為不可能有這種特徵，獠牙的彎曲程度或許是化石埋在地層的時候受到壓縮的影響。

當時序來到約四百萬年前，黃河象的子孫「**三重劍齒象**」（*Stegodon miensis*）在地球誕生，又叫「**三重象**」，因為是在日本三重縣發現化石。三重象肩高約三．六公尺，是日本現有的哺乳類化石中最大的，但仍比黃河象稍微小一點。

到了大約兩百五十萬年前，日本出現了「**八王子劍齒象**」（*Stegodon protoaurorae*）。可想而知，八王子象的化石是在東京都八王子市發現，只不過，目前還不清楚八王子象的體積有多大。

接著在大約兩百萬年前，日本出現了「**曙光象**」，正式名稱為「**曙光劍齒象**」（*Stegodon aurorae*），其化石在埼玉縣等地被發現，肩高約一．七公尺，已經縮小到跟人類的身高相去無幾了。

劍齒象這一連串的演化，學者認為是為了適應日本列島這塊狹長土地的結果。勇敢地放棄自己過去擁有的「大就是強」的優勢，配合窄小的土地與少量的食物刻意縮小體型，最後在四百萬年後成功留下子孫。

前面提到的老子那句話，還有以下的後續。

「不失其所者久，死而不亡者壽。」（心有所依，不迷失自己的人才能長久；肉身死亡，精神仍不滅的人才算長壽。摘錄自老子《道德經》）

只要有機會，就要變大！

恐龍類也發生過大型種進入島嶼後經過演化，留下小型種的結果。雖然不見得一定能證實這些變化，但這也不是特別奇怪的事。畢竟島上的糧食有限，如果不放棄「大就是強」的優勢，縮小成適合在那個環境活下去的體積，就只能等著餓死滅絕。

然而，隨著大型種小型化，接下來換小型種找到「活路」了。

例如刺蝟。刺蝟一族基本上都是小型種，現存種或化石種的全長頂多只有二十～三十公分左右，但以前其實曾經存在過全長七十五公分的大型種。

這種大型刺蝟名為「**恐毛蝟**」（*Deinogalerix*），出現在大約一千萬年前的義大利。恐毛蝟長著長長的吻部，門牙（前齒）很發達，光是頭部就長達二十公分，相當於其他刺蝟的全長。描繪在本章節左上角的書眉插圖就是恐毛蝟。

義大利拿坡里的東北方，有一座往亞德里亞海突出的半島，稱為加爾加諾岬。這裡現在雖然是半島，過去曾有過一段獨立於大陸的島嶼時期。當時加爾加諾岬上的大型種數量急遽減少。

恐毛蝟就是利用這個「空檔」，在加爾加諾岬大型化。刺蝟一般以蚯蚓或昆蟲為食，而恐毛蝟除了這些食物以外，還會狩獵小動物、食用小動物的屍體。另外，恐毛蝟雖然是刺蝟的同類，但似乎沒有刺。

各位可能會看不起恐毛蝟，不就是七十五公分嗎？但比起同類群的其他刺蝟，這已經是大了一倍以上。對於生活在類似生態中的競爭對手而言，恐毛蝟是非常難對付的存在；而對獵物而言，這肯定是非常大的威脅。

恐毛蝟不是因為獵物數量增多，而是利用自己的天敵大型種數量減少的機會，取得「大就是強」的優勢。

量力而為很重要，抓住機會也很重要。

感覺發生在島上的演化，教會我們很多重要的事。

利用「區位分隔」來避免爭端

——老是與對手競爭太累了

快速認識古生物

特暴龍

- 全長九．五公尺，體重四公噸
- 「特暴」是「特別恐怖」的意思
- 幼體與成體的頭部不一樣

虔州龍

- 非常苗條的肉食恐龍
- 全長八～九公尺，體重卻不到一公噸
- 綽號「皮諾丘暴龍」

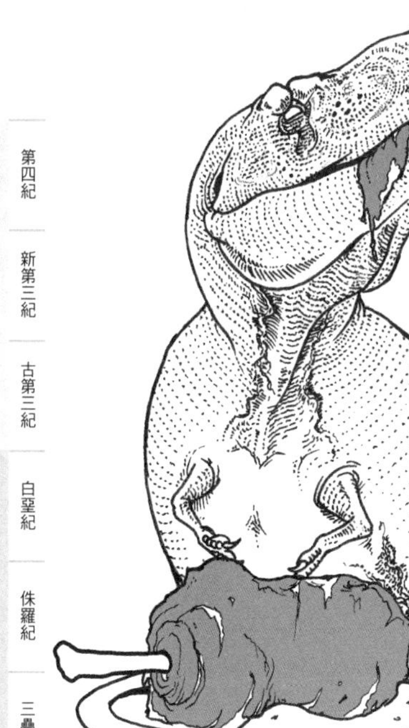

解讀關鍵字

1 暴龍屬
2 知道生物的「食物」可以了解什麼
3 生態區位(ecological niche)

到大型購物中心一看，除了美食街以外，通常還會有餐廳街，而且兩邊都人滿為患。同樣都是「外食產業」，以前如果美食街盛況空前，餐廳街通常門可羅雀；而如果餐廳街大排長龍，美食街多半就只有小貓兩三隻，很少看到兩邊都生意興隆。但現在已經不存在這種現象了。

美食街的餐點比較便宜，等待的時間也比較短，但用餐的區域通常比較吵雜，還要自己去拿，在日本吃完還得自己收桌子。而另一方面，餐廳的餐點相對比較昂貴，等待時間多半也比較長，不過店內通常沒有美食街那麼吵，也有店員負責送餐及收拾桌面。

以前都會覺得餐廳的食物比較好吃，但近年來，美食街也多了許多美味的店家。這些店家在美食街要求便宜、快速的條件下，努力提供能讓客人讚嘆的餐點。依照我個人的見解，美食街的餐點並不比餐廳遜色。

美食街與餐廳的差別在於「空間」，兩者藉由提供不同的空間，巧妙地隔開客層，成功透過吵鬧程度或送餐的服務區分客層。

這樣的差異化並非外食獨有，置身於其他行業的人，也需要懂得從中找出差異，適者生存。而這其實很接近生物學中「區位分隔」的概念。

王者利用「親子」進行區位分隔

提到「恐龍界的帝王」，當然是「**暴龍**」（*Tyrannosaurus*）。暴龍全長約十三公尺，體重約九公噸。靈敏的嗅覺能早一步發現躲在暗處的獵物，並用強韌的下顎與粗壯的牙齒連骨帶肉地咬碎獵物。儘管擁有這麼強大的破壞力，牠的前肢卻極端細小，而且只有兩根指頭。這就是在約七千萬年前到六千六百萬年前的白堊紀最末期，掌握北美西部生態系霸權的肉食恐龍。

另外有一種親緣與暴龍相近、長得也很神似的肉食恐龍，名叫「**特暴龍**」（*Tarbosaurus*），棲息在幾乎同個時代的亞洲。

特暴龍全長九．五公尺，體重四公噸。個頭比暴龍小一號，但是靈敏的嗅覺、強韌的下顎、粗壯的牙齒、極度小而細且只有兩根指頭的前肢，這些特徵皆與暴龍如出一轍。有些學者認為特暴龍並非可以有獨立名稱（屬名）的恐龍，而是暴龍屬的別種，可見這種「亞洲的暴龍」跟暴龍有多麼相像。

順帶一提，相較於「暴龍」（*Tyrannosaurus*）名字裡的「暴」（Tyranno）是「暴君」的意思，「特暴龍」（*Tarbosaurus*）的「特暴」（Tarbo）則是「恐怖」的意思，兩者都很適合稱呼生態系頂點的生物。

學者認為，暴龍與特暴龍的祖先系出同門。

暴龍棲息在北美西部，特暴龍棲息在亞洲，兩者的棲息地固然不同，但祖先為相近的親緣種並不奇怪。因為現在的白令海峽當初還只是地峽，這片狹窄的陸地連接北美與亞洲，生物可以在上頭自由來去。暴龍與特暴龍的祖先可能出現於北美，在北美留下暴龍的子孫，進入亞洲的種類則留下特暴龍子孫。

現在請先把暴龍放在一邊，讓我們把焦點放在特暴龍身上。古生物學家找到這種恐龍的幼體化石，全長兩公尺，大概二～三歲。

根據二〇一一年東京大學的對比地孝亘等人分析特暴龍的幼體後發表的研究報告指出，幼體與成體的頭部有幾個不同的地方。除了體積大小明顯差很多，牙齒的部分也值得關注。兩者牙齒的數量相同，可是幼體的牙齒比成體薄。另外，成體的頭骨有讓施加的力量從下顎分散開來的構造，這是有助於咬碎獵物的特徵，但在幼體的頭骨上找不到這項特徵。

這些學者根據以上的分析結果，認為這可能是因為成體與幼體吃的獵物不同。成體可能是連骨帶肉咬下大型的獵物，幼體則撕下獵物柔軟的肉來吃。也就是說，站在亞洲生態系頂端的特暴龍，成體無須與幼體爭奪獵物。

倘若獵物相同，就會產生競爭，強者多半會搶走弱者的獵物。不確定特暴龍的親子會不會一起行動，假設特暴龍的親子一起行動，則可能由父母擊斃獵物，與子女分食獵物的肉。但即使是這種情況，如果成體與幼體吃的獵物相同，成體也可能搶走其他幼體的獵物，或是陷入一旦缺乏獵物，不是父母死、就是子女亡的狀態。就算是血脈相連的親子，也會變成競爭對手。如果親子不在一起活動，那就更不用說了，成體只要搶走幼體擊斃的獵物，就不愁沒東西吃。

從競爭對手的手中搶走獵物時，最單純也最有效率的手段就是殺死競爭對手。只要殺死對方，從此以後再也不用與對方競爭，還能吃掉競爭對手，可說是一石二鳥。換句話說，倘若獵物相同，對相對弱勢的幼體而言，生命安全岌岌可危。

幸好特暴龍的成體與幼體的食物不同，成體不需要搶奪幼體的食物，這點攸關幼體能否平安無事地成長。而這正是成體與幼體「區位分隔」的結果。

與特暴龍同時代的亞洲，還有一種肉食恐龍，據說跟特暴龍一樣可怕，而且可以更快捕捉到獵物，牠的名字叫作「**虔州龍**」(*Qianzhousaurus*)。

這種肉食恐龍的親緣與暴龍、特暴龍相近，但沒有暴龍與特暴龍之間那麼近，只是同屬「暴龍科」類群的遠親。

據推測，虔州龍全長八~九公尺，光看數字確實與特暴龍同級，但虔州龍的體型遠比特暴龍苗條，因為虔州龍的體重只有一公噸左右，只有特暴龍的四分之一。

虔州龍最明顯的特徵就是「苗條」的身材。目前只找到頭骨的化石，可是和特暴龍的頭骨比起來，愈發突顯出虔州龍的苗條。特暴龍頭骨前後的長度約八十公分，左右的寬度約四十公分。這麼寬的頭骨是暴龍共同的特徵（順帶一提，暴龍頭骨的左右寬度超過六十公分）。

然而，虔州龍的頭骨前後長度約九十公分，左右寬度竟然只有約二十公分。二十公分！應該比各位的鞋子尺碼還小。請各位暫時放下這本書，雙手握拳靠在一起，二十公分差不多就是兩個拳頭的大小，頂多再長一點。明明這麼窄，嘴巴卻長在九十公分的前方，這就是虔州龍的長相。學者戲稱這種恐龍為「皮諾丘暴龍」，想也知道這個綽號參考了長鼻子小木偶。

特暴龍與虔州龍棲息在同個時代，而且同樣棲息在亞洲，屬於相同類群的肉食恐龍，全長也幾乎相同。然而，特暴龍的頭部比較寬，虔州龍的頭部特別窄。如果寫得更正確一點，雖說兩者同樣是棲息在亞洲的肉食恐龍，特暴龍與虔州龍的生態區位並未重疊。

目前已知當時亞洲各地，都有跟虔州龍差不多纖細的近緣種，由此可知頭骨較寬的特暴龍與頭骨較窄的虔州龍，同時稱霸當時亞洲的生態系頂端。

學者認為，頭部的差異或許也反映出獵物的差異。換言之，即使兩者的地位同樣是生態系頂端的大型肉食恐龍，卻能藉由食物的不同進行區位分隔，井水不犯河水地共榮共存。

「生態區位」是生物學的基本概念之一，英文寫成「ecological niche」，也有人簡稱為「區位」。

簡單來說，區位指的是動物在某個特定空間裡「安身立命的位置」。基本上，每個物種都只有一個「安身立命的位置」，沒辦法好幾個物種共用一個「安身立命的位置」。而這個「安身立命的位置」既是指棲息的空間，也包括其生活息性。

像特暴龍這種骨頭比較寬的暴龍，與虔州龍那種骨頭比較窄的暴龍，都站在亞洲陸地生態系的金字塔頂端。倘若兩者都鎖定同一種獵物，那麼生態區位重疊，就會發生競爭的情況。然而，一般認為兩者的獵物並不相同。即使同樣站在金字塔頂端，只要獵物不同，區位就不會重疊；只要區位不重疊，就能各自為王，互不侵犯。

不是找出自己的生態區位活下去，就是搶奪別人的區位取而代之。如果是你，會怎麼選擇呢？

14

瞪……

驚慌的人類

咦？！

與其滅絕，不如改變生活環境

快速認識古生物

腔棘魚

- 學名為「矛尾魚」
- 在葛摩群島的海底洞窟、蘇拉威西島近海的海底發現其棲息的痕跡
- 游得很慢
- 可以吃但不好吃

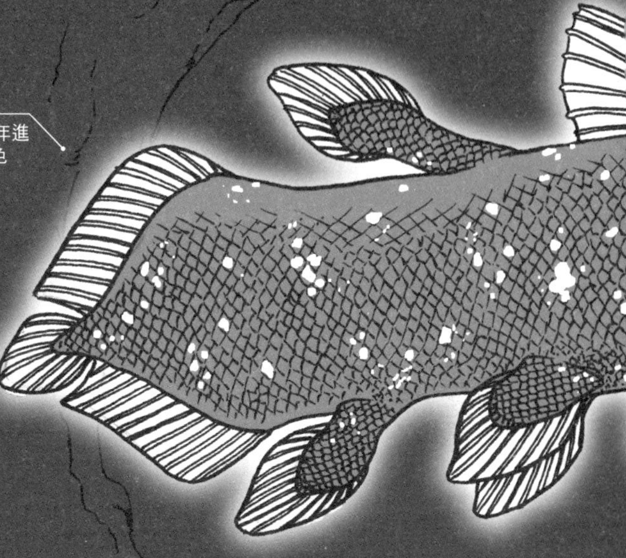

解讀關鍵字

1 肉鰭魚類
2 真骨魚類的勢力抬頭
3 一九三八年十二月查朗那河

咦！你在那裡呀？

各位是否有過這樣的經驗，不曉得什麼時候開始，就沒再見過某人，卻在意想不到的地方偶遇。「最近好像都沒看到你呢。」

這次要為各位介紹的古生物，就跟這種「出乎意料的偶遇」有關。

讓我們把鎂光燈打在這種叫「腔棘魚」的魚身上。有時候牠會驚動媒體大篇幅報導，在水族館或博物館也占有一席之地。縱使不是活物也能發揮招攬客人的吸引力，是一種非常受歡迎的魚。

大型腔棘魚的全長在兩公尺左右，背部與腹部都有鰭，特色在於尾鰭很迷你，看起來像是夾在第三背鰭與第二臀鰭間，小巧的尺寸非常討喜。附帶一提，腔棘魚吃起來超級臭，一點也不可口。還有一個比嬌小的尾鰭（和味道）更大的特點，在於他的胸鰭、腹鰭、背鰭共六片鰭的根部，那裡有包覆在肌肉下的骨頭，粗壯得有如陸上脊椎動物的手臂。彷彿下一秒就要往前走一般，給人強而有力的印象。

目前在兩個地方發現了這種特殊的魚，一個在非洲東海岸葛摩群島的海底洞窟裡，另一個地方在印尼蘇拉威西島近海的海底大岩石的縫隙間。兩邊都是特定的海域，數量加起來據說有兩百隻以上。

「腔棘魚」這個名稱其實是類群的通稱，而不是這種魚本身的名字。這種魚的屬名叫「**矛尾魚**」（*Latimeria*）；寫得更精準一點，非洲的矛尾魚叫「西印度洋矛尾魚」（*Latimeria chalumnae*），印尼的矛尾魚叫「印尼矛尾魚」（*Latimeria menadoensis*），各自有不同的學名。

這兩種矛尾魚之所以吸引媒體爭相報導，原因就在於「出乎意料的偶遇」。

明明應該已經滅絕了

矛尾魚的鰭根部像手臂，是「肉鰭魚類」的成員之一。肉鰭魚類的歷史悠久，據我所知，最古老的化石是從大約四億兩千四百萬年前（古生代志留紀末期）的地層裡發現的。根據目前已知的資料，史上第一隻長度以公尺為單位的魚，就是肉鰭魚類。此外，這種最古老的肉鰭魚類只找到了下顎的化石，所以不清楚全身長什麼樣子。

肉鰭魚類由幾個類群構成，其中之一就是「腔棘魚類」，矛尾魚當然也屬於這個類群。腔棘魚類最遲也在約四億七百萬年前（古生代泥盆紀）出現，接著花了三億年以上的時間發展出各種分支。

以前的腔棘魚類跟現在的矛尾魚長得不太一樣。以前的腔棘魚類存在過全長三・八公尺的大型種，身體特別長，跟鯛魚有點神似。三・八公尺可是比黑鮪魚中特別大型的個體還多一公尺。當然，也有跟矛尾魚長得差不多的種類。

腔棘魚類過去分布的範圍很廣，北至北極圈的斯匹茲卑爾根群島，南到南非，皆曾發現腔棘魚類的化石。即使矛尾魚現在只棲息在大於水深一百公尺的深海裡，但是至今發現的腔棘魚類化石，都棲息在淺海或湖泊等淡水環境。

腔棘魚類曾在世界各地建立盛世，然而，還沒等到發生在約六千六百萬年前的白堊紀末大滅絕（請參照章節〈⑧滅絕還是存活，終究要靠運氣〉）就消失了。從大約四億七百萬年前一路持續下來的化石紀錄，突然中斷。

白堊紀這個時代比較廣為人知的，是到了尾聲，稱為「真骨魚類」（真骨下綱）的類群開始在海洋世界崛起。真骨魚類在現在的海洋中仍占壓倒性多數，據說有超過兩萬種現存種，堪稱壓倒性的多數派。

一般認為，腔棘魚類是受到真骨魚類的排擠才消失的。目前還不清楚腔棘魚輸給真骨魚類的原因，也有人猜測是不是因為低速游泳的腔棘魚類，在速度上比不上高速游泳的真骨魚類。畢竟如果要在自然界存活下來，速度非常重要。

無論如何，一般認為腔棘魚類在白堊紀結束前就滅絕了。

在一九三八年之前，上述看法仍是板上釘釘的「定論」。

一九三八年十二月二十二日，在流經南非的查朗那河河口附近作業的拖網漁船，撈到了從沒看過的魚，也就是後來取名為西印度洋矛尾魚的腔棘魚類。原本以為早在白堊紀末期就滅絕的生物，竟然活生生被捕捉到了。接著一九九八年，人們又在印尼發現了印尼矛尾魚。像矛尾魚這種長得跟祖先很像的生物，稱為「活化石」。現代人雖然以批評的語氣形容老掉牙的想法或老掉牙的東西為「化石」，但「活化石」在學術上可是非常寶貴的存在。

由此可見，過去曾在淺海及湖泊繁榮過一時的腔棘魚類，轉戰至不容易找到化石的深海，繼續繁衍後代。深海生物不容易被發現，也不容易調查，因此牠們才繼續活在洞窟中、岩石與岩石的縫隙間這種令人意想不到的地方。

在出乎意料的地方偶遇，無論對古生物還是人類來說，這樣的「緣分」都妙不可言。

此外，在生命史的長河裡，也有物種像腔棘魚類一樣，過去曾在廣大的地區、海域生活；雖然隨著環境變化，在絕大部分的地區都滅絕了，卻也有極少數在特定的「避難所」活了下來。腔棘魚類的故事無疑說明了上述避難所的重要性。各位也有這樣的避難所嗎？

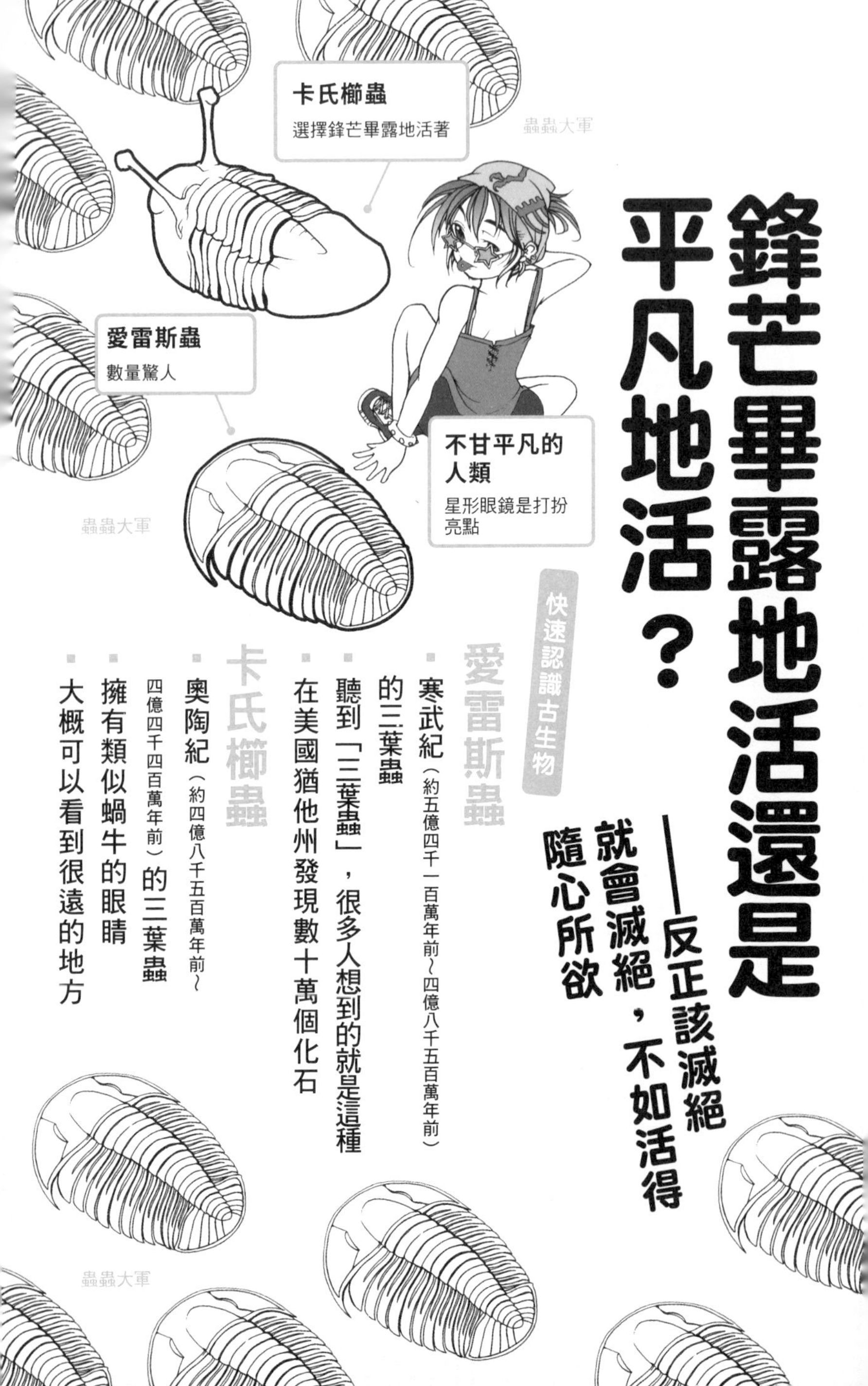
鋒芒畢露地活還是平凡地活？
——反正該滅絕就會滅絕，不如活得隨心所欲
卡氏櫛蟲
選擇鋒芒畢露地活著
蟲蟲大軍
愛雷斯蟲
數量驚人
不甘平凡的人類
星形眼鏡是打扮亮點
蟲蟲大軍
快速認識古生物
愛雷斯蟲
・寒武紀（約五億四千一百萬年前～四億八千五百萬年前）的三葉蟲
・聽到「三葉蟲」，很多人想到的就是這種
・在美國猶他州發現數十萬個化石
卡氏櫛蟲
・奧陶紀（約四億八千五百萬年前～四億四千四百萬年前）的三葉蟲
・擁有類似蝸牛的眼睛
・大概可以看到很遠的地方
蟲蟲大軍

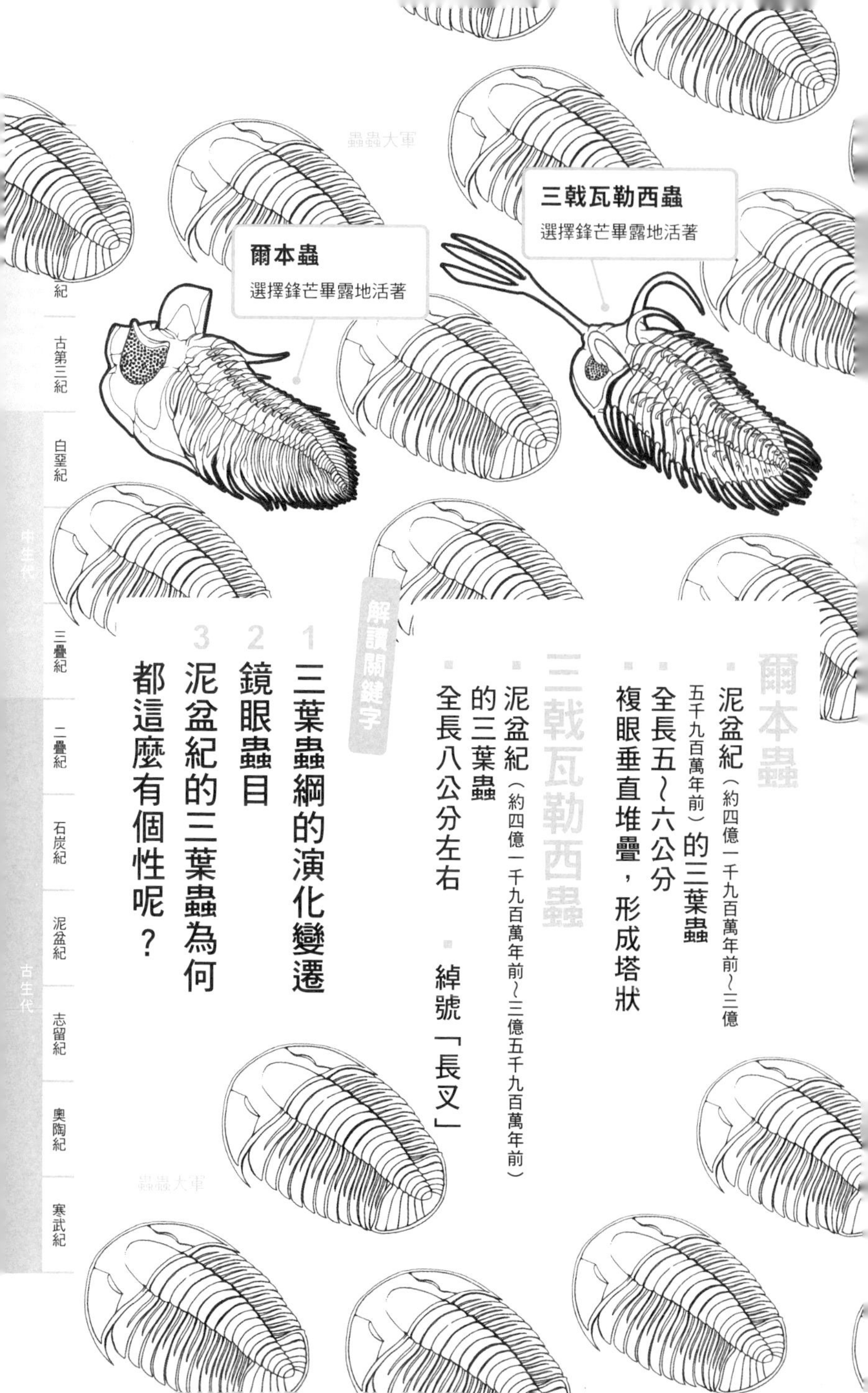

爾本蟲

- 泥盆紀（約四億一千九百萬年前～三億五千九百萬年前）的三葉蟲
- 全長五～六公分
- 複眼垂直堆疊，形成塔狀

三戟瓦勒西蟲

- 泥盆紀（約四億一千九百萬年前～三億五千九百萬年前）的三葉蟲
- 全長八公分左右
- 綽號「長叉」

解讀關鍵字

1 三葉蟲綱的演化變遷
2 鏡眼蟲目
3 泥盆紀的三葉蟲為何都這麼有個性呢？

【尖銳】

• 尖而銳利。

【鋒芒畢露】

•「鋒芒」，刀劍的尖利部分。比喻人的銳氣與才華。

•「鋒芒畢露」，銳氣和才華全都顯露出來。比喻人好表現自己，不夠沉穩。

（引用自《重編國語辭典修訂本》臺灣學術網路第六版）

各位的周圍是否也有「鋒芒畢露」的人？他們可能擁有跟其他人不同的個性或意見，不斷打破既定觀念前進。近年來，這樣的人開始被組織視為不可或缺的人才，如何留住這種人才也成了企業必須正視的問題。

在生命史的長河裡，有些類群起初只是個平凡無奇的種類，卻隨著時代演變，就像是因應時代的要求一般，變成了「鋒芒畢露的種類」。

即使是對古生物一知半解的人，想必也聽過這個類群，那就是「三葉蟲綱」。

一開始大家都很平凡

三葉蟲綱是構成節肢動物門的類群之一，目前整個三葉蟲類都已經滅絕了。三葉蟲綱都是水棲動物。

根據現有的資料指出，最早的三葉蟲化石發現於大約五億兩千萬年前的寒武紀地層。「寒武紀」是古生代最初的地質時代，始於約五億四千一百萬年前，持續到約四億八千五百萬年前。

大約五億兩千萬年前這個時間點，動物化石開始有眼睛、肢體和棘刺。三葉蟲綱也有眼睛、腳和棘刺，不僅如此，牠還有由碳酸鈣構成的殼（與蛤蜊等雙殼綱的殼成分相同），在當時的海裡可說是擁有最堅硬的防禦性能。

目前已知三葉蟲綱的種類超過一萬種，就連研究者也無法正確掌握總數。如果以時代區分其龐大的種數，種類特別多的時代分別是寒武紀與接下來的奧陶紀。也就是說，出現在寒武紀的三葉蟲綱成功地快速衍生出許多種類。

只不過，雖然種類琳瑯滿目……但其實都大同小異。

例如足以代表寒武紀的三葉蟲「**愛雷斯蟲**」（*Elrathia*），大小只有幾公分，身體為橢圓形；殼不厚，身體長滿節，也沒有引人注意的尖刺等武裝。在生物課的教科書裡的三葉蟲綱圖片，應該多是這種愛雷斯蟲；博物館的紀念品店販賣的三葉蟲化石也多為此類。或許有些讀者「家裡就有」這種三葉蟲呢。

至於愛雷斯蟲為什麼這麼有名，無非是因為採集到相當大量的化石。在美國的猶他州發現了幾十萬個化石，足以供應給世界各地的市場。

愛雷斯蟲可說是寒武紀最典型的三葉蟲，也就是說，這時的三葉蟲殼都不厚，並且有很多節。

至於刺的大小數量，寒武紀的三葉蟲類裡也有許多刺很發達的種類；而論體積大小，也有長達幾十公分的種類。看久了就能看出三葉蟲之間形狀的差異，而從這些形狀差異，我們可以確定寒武紀確實曾有過數量極為龐大的三葉蟲。

只可惜，寒武紀的三葉蟲都長得大同小異，要是給對古生物沒什麼興趣的人分別看幾種不同的寒武紀三葉蟲，他們可能會說：「都長得一樣啊……」

難以分辨初登場的種類（＝新進員工）這點，放在現代社會大概也說得通。

寒武紀之後是古生代的第二個時代，名為奧陶紀，指的是大約四億八千五百萬年前到四億四千四百萬年前的這四千一百萬年間。

三葉蟲就像在公司裡混熟了，不再緊張，開始展現出鮮明的個性。

到了奧陶紀，三葉蟲各個種類的差異逐漸變得明顯。牠的身體構造開始變得立體，並各自演化成頗具特色的樣貌。

「**卡氏櫛蟲**」（*Asaphus kowalewskii*）就是獨具風格的例子，以「**櫛蟲**」（*Asaphus*）為名的三葉蟲不止一種，卡氏櫛蟲只是其中之一。牠全長十一公分，最大的特徵是頭部有兩根細細的眼柄幾乎垂直地伸出來，前端有小小的複眼，簡直像是蝸牛的眼睛。

不過，即使跟蝸牛的眼柄一樣能柔軟地彎曲，卻無法收進身體裡。畢竟成分跟殼一樣，基本上都硬邦邦的。

眼睛的位置有多高，也就意味著視野有多廣。這樣的眼睛就像戰艦的指揮室，即使在海底潛行，應該也能看得很遠。另外，擁有比較高的眼睛就能在海底挖掘壕溝，躲在裡面後用有如潛望鏡的眼睛觀察四周。

既然有適合這種「陸戰」的種類，自然也有適合「空戰」的種類（正確來說是「海底戰」與「水中戰」）。**「叉瓣蟲屬」**（*Hypodicranotus*）正是水中戰最具代表性的種類。這種三葉蟲全長三公分左右，頭部前端圓圓的，後面形成淚珠般的流線形，這樣的身體意味著叉瓣蟲能保持一定的速度在水中游泳。因為流線形有助於降低水的阻力。另外，牠的複眼在頭的左右兩邊呈帶狀延伸，以確保前後左右的視野，這大概也有助於高速游泳。

所有三葉蟲綱的內臟都集中在頭部，底下則有用來保護內臟的唇瓣和嘴巴；此外，胸部底下長滿了腳，腳的上頭有鰓。

根據新潟大學的椎野勇太等人在二〇一二年發表的研究，叉瓣蟲屬這種「用來保護內臟的唇瓣」形狀比較特殊，除了可以減少游泳時水對於側腹的阻力之外，光是向前游，殼的底部就會產生水流，讓空氣進入鰓裡，並將食物浮游生物送進口中，功能性十足。

除此之外，奧陶紀的三葉蟲也出現過各式各樣的種類，有的頭部前端長了很多

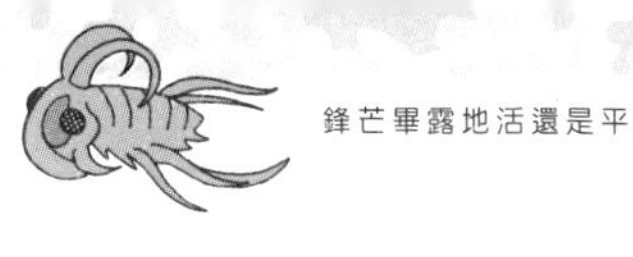

刺，有的複眼可以在頭頂轉一圈。

逐漸「鋒芒畢露」

奧陶紀的下一個時代稱為志留紀，時間在大約四億四千四百萬年前到四億一千九百萬年前的兩千五百萬年間。

奧陶紀末期其實發生過大滅絕，三葉蟲類的數量銳減。雖然沒到全軍覆沒的地步，但是到了志留紀，已經看不太到如奧陶紀時的三葉蟲身上的「鮮明個性」。

然而，到了志留紀的下一個時代，又出現許多「個性鋒芒畢露」的三葉蟲。那就是古生代的第四個地質時代，稱為泥盆紀，時間在大約四億一千九百萬年前到約三億五千九百萬年前的六千萬年間。這時的三葉蟲有好幾個類群，而且從好幾個類群中都確認到不同的張揚姿態。

首先值得注意的，是名叫「鏡眼蟲目」（Phacopida）的類群，這個類群最大的特徵就是構成複眼的水晶體很大。

所有三葉蟲的眼睛皆由複眼構成，可是幾乎所有三葉蟲構成複眼的水晶體都很小，人類很難用肉眼辨識出來。然而，鏡眼蟲目構成複眼的每個水晶體都很大，用肉眼就能輕易辨識。

鏡眼蟲類有很多個性十足的種類，以下為各位介紹兩種鏡眼蟲目的三葉蟲。

第一種是「**爾本蟲**」（*Erbenochile*），全長五～六公分，背上有一排刺。不過，刺並不是爾本蟲最大的特徵，複眼才是。這種三葉蟲的複眼水晶體會垂直地堆疊成塔狀。奧陶紀的卡氏櫛蟲的複眼長在眼柄前端，但爾本蟲的複眼長得比較高，而且塔頂還往水平方向稍微展開，形成「屋簷」。一般認為這個「屋簷」在身處會曬到太陽的淺海，可以保護複眼。

另一種「**三戟瓦勒西蟲**」（*Walliserops trifurcatus*）正是「鋒芒畢露」的代表。三戟瓦勒西蟲是全長八公分左右的鏡眼蟲類，其暱稱「長叉」在玩家之間很有名。牠的特徵正如暱稱一樣，頭部前端有支類似叉子的「三叉戟」。這種三叉戟的作用尚未得到科學上的證實，但一般都認為是武器。

當然，不是只有鏡眼蟲類充滿個性，像是屬於其他類群的「**雙角蟲**」（*Dicranurus*）也非常有個性。

這種三葉蟲全長五公分左右，粗大的刺往左右兩邊和後方延伸，在相當於後腦杓的位置有兩根捲曲的「角」，就像綿羊的角一樣。目前還不知道這兩根角有什麼作用，本頁左上角書眉畫的就是簡化的雙角蟲。

除此之外，泥盆紀還發現了許多個性十足的三葉蟲，琳琅滿目的種類撩撥著化石玩家的心。對三葉蟲有興趣的人（包括我在內），多半都是覺得泥盆紀的三葉蟲非常多樣，很迷人，才開始產生興趣。

「鋒芒畢露的個性」真的很迷人，倘若各位讀者也有深陷「三葉蟲坑」的覺悟，不妨可以研究、尋找泥盆紀的三葉蟲化石。不過，這個坑深不見底，請恕我不為沉迷其中的後果負任何責任。

目前還不清楚泥盆紀的三葉蟲為何如此具有侵略性。其中一個觀點認為，這或許是為了適應泥盆紀這個時代。

泥盆紀是魚類躋身生態系金字塔上層的時代。魚類在寒武紀就已經出現了，但因為沒有下顎，攻擊力不強，長時間屈居於生態系金字塔底層。結果到了志留紀，出現了有下顎的魚類；而到了泥盆紀，魚類的勢力更加擴大。

泥盆紀的三葉蟲類這麼張揚，或許就是為了對付這些有下顎的魚。一言以蔽之，型態的改變可能是為了因應時代。

即使如此，該滅絕的時候還是會滅絕

為了對抗勢力抬頭的魚類，三葉蟲將張揚的外表發揮得淋漓盡致。

然而，到了泥盆紀的下一個時代，也就是石炭紀時，具有這些特徵的三葉蟲都消失了。石炭紀指的是約三億五千九百萬年前到兩億九千九百萬年前之間。即使再到下一個時代二疊紀，也就是約兩億九千九百萬年前到兩億五千兩百萬年前，原本生活在泥盆紀的海裡、個性十足的三葉蟲也沒有「復活」。三葉蟲「鋒芒畢露」的外型連同其所屬的類群一起消失了，就像消失在時代洪流裡的浪花。

自石炭紀以後到二疊紀末期，三葉蟲活得戰戰兢兢，只有名為「砑頭蟲」的類群撐過這兩個時代。這個類群的三葉蟲基本上都擁有流線形的身體，但除此之外就沒有特別顯著的特徵。硬要寫的話，大概都是些比多半為扁平種類的寒武紀三葉蟲更難以辨認的種類。

後來，又因為發生約兩億五千兩百萬年前史上最大的物種大滅絕，三葉蟲完全消失了。始於平凡，接著變得個性鮮明、鋒芒畢露，再歸於平凡、苟延殘喘地活下去，可最後，就連苟延殘喘也活不下去了。

真愛果然無敵！

——長出翅膀竟不是為了飛翔？

人類
對於意料之外的求婚藏不住驚喜

似鳥龍（幼體）
還不明白求婚是什麼，一臉呆滯

快速認識古生物

似鳥龍

- 全長四．八公尺左右
- 長得很像駝鳥的恐龍
- 跑得很快
- 成體有翅膀，幼體沒有

解讀關鍵字

1 鳥類的翅膀、蝙蝠的翅膀

2 翅膀為何而生

3 關於「翅膀起源」的研究論文（二〇一二年）

好想要一雙翅膀。

每當讀書讀到累，做事做到煩，對人際關係感到疲憊的時候，我總會不經意抬頭仰望天空，只見鳥兒正張開羽翼，看起來身心舒暢地飛過。

真好，多麼自由啊。要是我也有翅膀，就能擺脫地上的束縛，飛到天涯海角……

這種時候，大部分人腦中想的多半是鳥類的翅膀吧。或許也有人會想到「天使的羽翼」，但天使的羽翼說穿了也是鳥類的翅膀。應該很少人會想到跟我們同為哺乳類的蝙蝠翅膀吧（我猜）。

同樣是「翅膀」，鳥類的翅膀跟蝙蝠的翅膀在構造上卻有決定性的不同。

蝙蝠的翅膀是由腕骨、第二指、第三指、第四指、第五指的骨頭形成支架，支架與身體之間再張開皮膜，構成翅膀。這種「有皮膜的翅膀」不是蝙蝠獨有，而是現已滅絕的翼龍類的共同特徵。另外，即使沒用上「翅膀」這個名詞，像飛鼠、鼯鼠等滑翔型動物都能巧妙地利用手腳與身體間的皮膜，在空中飛翔。

而鳥類的翅膀只有腕骨形成支架，手臂長滿羽毛，構成翅膀。目前地球上只有鳥

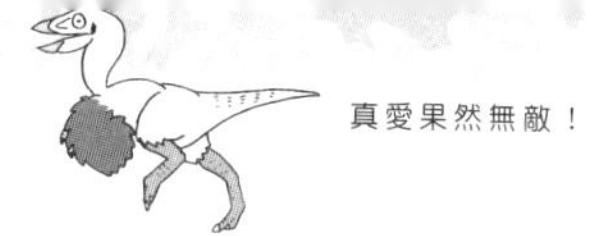

類具有這種構造的翅膀。

現代人在某些時空背景下，會把翅膀視為「自由的象徵」（這麼說來，某調查兵團的標誌也是翅膀）。然而，學者認為翅膀原本並不是為了飛翔才長出來的。

當翅膀「誕生在」世界上，原本的任務並不是在空中飛翔，那是為了什麼呢？想要研究「翅膀的起源」，就必須從恐龍開始。

翅膀是為了繁殖？

拿起近年的「恐龍圖鑑」，尤其是二〇一〇年以後出版的書籍，大部分的恐龍都被描繪成全身羽毛、長有翅膀的模樣。「鳥類是恐龍的後代」這種看法在現在幾乎已成為定論，一般也認為恐龍類中跟鳥類相近的種類，都跟鳥類一樣有羽毛、長著翅膀。

不過，有翅膀也不見得一定會飛。不僅如此，恐龍類中有翅膀或可能有翅膀的種類通常都不會飛，只有親緣跟鳥類相近的小型種才會飛。

既然不會飛，為什麼要長出翅膀呢？

可惜了（？），翅膀似乎無法成為自由的象徵。

加拿大卡加利大學的達拉・澤萊尼斯基及北海道大學綜合博物館的小林快次等人在二〇一二年發表了與翅膀的起源有關的研究論文。他們把焦點放在名為「**似鳥龍**」（*Ornithomimus*）這種恐龍身上。

似鳥龍全長四・八公尺左右，頭小脖子長，長長的後腳看起來很像現存的駝鳥。所有的肉食恐龍都屬於「獸腳類」，而長得很像駝鳥的恐龍則都集中在「獸腳類」底下的「似鳥龍類」這個類群，似鳥龍就是其中最具有代表性的屬。

大部分似鳥龍類的恐龍都是恐龍中跑得特別快的種類，似鳥龍也不例外，從小就跑得飛快。

似鳥龍類也是有翅膀的恐龍中最原始的種類。換句話說，只要搞清楚似鳥龍為什麼有翅膀，應該就能解開翅膀誕生之謎。

澤萊尼斯基他們還注意到一點，那就是成體的似鳥龍有翅膀，幼體卻沒有。根據這項研究，他們利用假設的消去法展開推論。

從古至今，關於翅膀的起源有四種假設。

第一種當然是「為了飛翔」這個直截了當的假設。然而，包括似鳥龍在內，似鳥龍類中並沒有會飛的種類，因此為了飛翔的假設並不成立。

第二種假設是「翅膀是用來捕捉獵物的武器」。學者猜測似鳥龍是不是為了用翅膀撞擊的方式，來捕捉昆蟲或小型的哺乳類。所有的肉食性恐龍確實都屬於似鳥龍所屬的獸腳類，然而並不是所有獸腳類的恐龍皆為肉食性，一般認為似鳥龍類也有植食性種類。也就是說，用來當武器的可能性不高。

第三種假設是「保持走路時的平衡」。原來如此，跑得飛快的似鳥龍張開翅膀快跑的光景確實歷歷在目，問題是應該已經可以用很快的速度跑的幼體並沒有翅膀。由此可知這個假設的可能性也很低。

最後是第四種假設，居然是「為了繁殖」。他們猜測翅膀會不會是求偶時用來吸引對象的工具。這個假設是建立在似鳥龍既然會築巢保護卵，那麼翅膀很可能是用在孵蛋上。這也能說明為什麼幼體沒有翅膀。若真的是為了繁殖，那麼至少要等到性成熟才需要翅膀。

經過驗證，第四種假設最有說服力。

也就是說，翅膀原本是「為了繁殖」而存在。換個比較浪漫的說法，翅膀是「為了愛」而存在。後來再經過演化，才逐漸變成有助於在空中飛翔。

原本以為翅膀是「自由的象徵」，其實是「愛的象徵」。你是覺得浪漫，還是覺得不太服氣呢……端看各位。如果是後者的感覺比較強烈，建議最好暫時放下手邊的工作或學業，稍微休息一下。

如果想更「沉浸」在古生物學裡

本書是一本探討「可以從古生物身上學到什麼」的書，而「學習古生物」的學問則稱為「古生物學」。日本有個「日本古生物學會」，是古生物學相關人士所屬的學術團體。本書日本的審定人芝原曉彥和我都隸屬於這個學會。

日本古生物學會本身是以研究者為中心集結而成；不過日本古生物學會裡還有門檻更低、更開放的組織，叫作「化石之友會」，也就是由想研究化石、業餘想享受化石樂趣的人，以及立志想在大學學習古生物學、想成為古生物學家的國高中生組成的。

只要是對古生物或化石感興趣的人都可以加入化石之友會，年齡不限、職業不拘。會費每年三千日圓。一旦加入，除了每年可以收到兩次由學會出版的日文學術雜誌《化石》之外，也能參加年會、例會等學會的研究發表與交流的場合。除此之外，還能參加由化石之友會主辦的活動，並接受各式各樣與升學就業有關的諮詢。

欲知詳情或想申請入會的人，不妨上化石之友會的官方網站查詢。可以上網搜尋「化石友の会」，或是直接輸入下列網址「http://www.palaco-soc-japan.jp/friends/index.html」。

特別推薦給想更「沉浸」在古生物學裡的人。

化石友の会

Friends of Fossils, Palaeontological Society of Japan

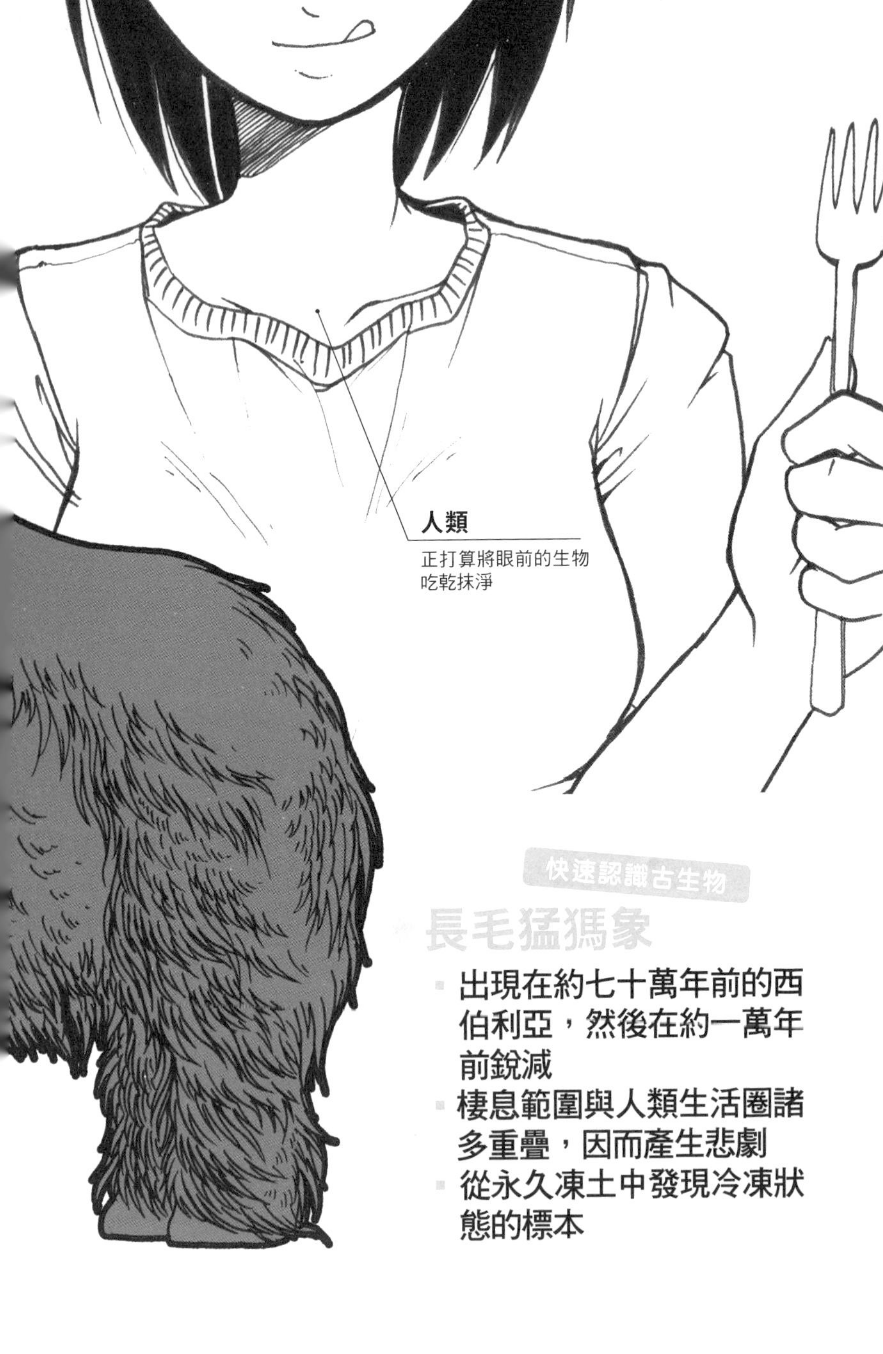

快速認識古生物

長毛猛獁象

- 出現在約七十萬年前的西伯利亞，然後在約一萬年前銳減
- 棲息範圍與人類生活圈諸多重疊，因而產生悲劇
- 從永久凍土中發現冷凍狀態的標本

「能幹」很危險
——從被人類狩獵殆盡的猛獁象身上可以學到什麼？

長毛猛獁象

也就是「長毛象」，再冷也不怕

1 更新世（約兩百五十八萬年前～一萬年前）

2 冰河時代被人類當成寶的動物

3 長毛猛獁象為何滅絕

各個場域都有所謂「能幹的人」，學校如是，公司如是，人際關係亦如是。

一般而言，能幹的人業務執行能力很高，能迅速完成工作，人際關係也很圓滑。自己的工作當然不用說，連別人交辦的工作也能輕鬆搞定。不僅如此，還能協助別人工作、指導後生晚輩；當起聚餐的召集人也很稱職。為了讓工作順利進行，還會不遺餘力從各個角度試圖讓環境更得心應手。

只要有一個能幹的人，無論學校、公司還是人際關係都能順暢地運作。

如果在該場域，能幹的人的工作表現能得到正確評價，在學校裡他應該會被任命為學生會長或班長，而在公司應該會被拔擢為管理階級，朋友或許也會對他另眼相看。只不過，無論得到再好的評價，能幹的人可能都會因「能幹」而疲於奔命。

能幹不是萬靈丹，不管你把誰當成能幹的人，還是你就是那位能幹的人，都必須多加留意。這次要說的就是這樣的故事。

以前有一種動物對人類而言既方便又好用，牠就是「**真猛獁象**」（*Mammuthus primigenius*），英文俗名叫作「長毛猛獁象」（Woolly mammoth），通常都簡稱為「長毛象」或「猛獁象」，是大象的同類（本書採用「長毛猛獁象」這個名稱）。

長毛猛獁象出現在約七十萬年前的西伯利亞，尤其是約十萬年前以後在歐亞大陸北部全境盛極一時，其中一部分還橫渡到北美。即使勢力範圍極大，仍在約一萬年前銳減，約四千年前消失殆盡。其生存期間大都在稱為「新生代第四紀更新世」（約兩百五十八萬年前～一萬年前）的地質時代。

更新世同時也是我們人類「**智人**」（*Homo sapiens*）打穩根基、一路繁榮到今天的時代。智人的祖先出現在約三十一萬五千年前的非洲，然後逐漸拓展勢力，從非洲擴散到中東，再從中東擴散到歐亞各地。

如此一來，擴散的人類生活圈便與長毛猛獁象的棲息地帶產生了諸多重疊。

「大就是強」是自然界的鐵則（請參照章節〈⑦大就是強！〉。長毛猛獁象有肩高

三．五公尺的巨大身體與長獠牙，不是一般肉食動物輕易就能捕捉的獵物。從這個角度來看，長毛猛獁象雖然是植食性動物，卻有一定程度的「強大」氣勢。

問題是，人類可不一樣。

人類發達的頭腦創造出策略、戰術，還有武器，透過團體作戰，足以推翻「大就是強」的原則。於是人類開始攻擊、狩獵長毛猛獁象，並加以徹底利用。

首當其衝，長毛猛獁象的肉和脂肪自然成了人類的食物。從一頭長毛猛獁象身上應該可以得到相當大量的食材。或許光是能解決食物來源的問題，就足以挑戰「大就是強」的原則了。

除此之外，長毛猛獁象的肌腱可以做成繩子或纖維，皮可以做成衣服，牙齒可以用來對各種武器進行加工。順帶一提，長毛猛獁象的牙齒（當然是化石）至今仍彌足珍貴，主要用作工藝品的材料及印章的材料。華盛頓條約禁止進口象牙後，人們挖掘到的長毛猛獁象牙齒就被用來代替象牙使用。據說在西伯利亞等地，還有專門尋找長毛猛獁象牙齒的「猛獁象獵人」。

言歸正傳，長毛猛獁象的骨頭可以當作武器，也能作為建材，將骨頭組合起來蓋

房子。實際上，在各地的遺跡皆有發現用長毛猛瑪象的骨頭蓋的「猛瑪象屋」。在某個遺跡找到的猛瑪象屋，是直徑五公尺、高三公尺的圓頂狀；地基使用了相當於二十五頭長毛猛瑪象的頭骨，上頭再以相當於九十五頭長毛猛瑪象的顎骨疊床架屋。除此之外，當時的人還把大腿骨及肩胛骨等大塊骨頭和長長的獠牙組合起來。附帶一提，在東京上野的國立科學博物館裡，地球館地下二樓有展示還原的猛瑪象屋，有興趣的人請務必前往參觀，就會知道到底使用了多大量的長毛猛瑪象骨骸。

由此可知，長毛猛瑪象對於當時的人類真的是「方便又好用的存在」。

本身也迎來盛世

對於更新世的人類而言，長毛猛瑪象既是「方便又好用的動物」，也是足以代表更新世的「大繁榮動物」，畢竟分布的範圍非常廣大，西至歐洲，東到北美。扣掉人類，基本上沒什麼陸上動物的分布範圍像長毛猛瑪象這麼廣大。順帶一提，長毛猛瑪象甚至去過日本北海道。

更新世是冰期與間冰期反覆更迭的冰河時代，尤其是自長毛猛瑪象出現的約七十萬年前起，每隔十萬年就是一個寒暖的循環。

以下稍微為各位整理一下用語，現代其實也是所謂的「冰河時代」。即使是地球暖化的危險性甚囂塵上的今時今日，從整個地球史的角度來看，仍屬於寒冷的時期。各地還有冰河，現代只是冰河時代中暫時比較沒那麼寒冷的間冰期。「冰河期」與冰河時代幾乎是同義詞。狹義的「冰河時代」、「冰河期」都可以用來互相代稱，所以有點糾纏不清。站在地球史的角度，沒有冰河的「溫室期（溫暖期）」與有冰河的「冰河期」反覆更迭；冰河期中特別嚴寒的「冰期」與比較沒那麼冷的「間冰期」也彼此反覆更迭……只要記住這點，大致上就不會搞錯了，至於嚴謹的定義就交給專家去討論吧。

再次言歸正傳。

長毛猛獁象在冰河時代的勢力範圍，可以從歐亞大陸北部到北美北部。也就是說，長毛猛獁象繁榮於寒冷的時期、寒冷的地區，所以才會變成同樣進軍寒冷地區的人類眼中「方便又好用的動物」，成為人類狩獵的對象。

長毛猛獁象為何能在寒冷的時期、寒冷的地區繁榮呢？完全是因為長毛猛獁象

具有優異的「耐寒性能」。

首先看名字就知道，長毛猛獁象全身覆蓋著長毛，而且那些毛還不只「長」，而是由細緻柔軟的底毛與既粗又直的披毛形成的雙層構造。這樣的雙層構造可以讓長毛猛獁象維持體溫，不至於輕易失溫。

小巧的耳朵也是長毛猛獁象的一大特色。耳朵是大部分動物的散熱器官，耳朵愈大，熱氣愈容易散失，耳朵愈小則相反。這點從現存的象屬動物身上也能看到。棲息在熱帶的非洲象耳朵就比亞洲象的耳朵還要大，而長毛猛獁象的耳朵遠比亞洲象更小。

長毛猛獁象的肛門有蓋這點也很重要。雖說長毛覆蓋了身體表面，但並沒有蓋到嘴巴和肛門等與體內直接相通的部分，因此體內的熱氣會從嘴巴和肛門散失。嘴巴只要閉上就好，那麼肛門呢？如果要隨時繃緊肛門括約肌，未免也太辛苦了。所以長毛猛獁象的尾巴根部有一塊皮膚可以用來蓋住肛門，如此一來就能避免熱氣從肛門散失。

這種其他動物沒有的「耐寒性能」，讓長毛猛獁象得以在地球上大大繁榮。

對了，大部分的動物都無法留下毛、耳朵、皮膚的化石，所以無法得知細節。但學者從永久凍土中發現了好幾具長毛猛獁象的冷凍標本，經過觀察與分析，才能得到無法從其他古生物身上得到的情報。

難道是因為太能幹才滅絕

在更新世所向披靡的長毛猛獁象，在距今一萬年前數量銳減，活到最後的個體也消失在約四千年前。這隻約四千年前的個體苟活在幾乎與世隔絕的島上，一般都認為牠脫離了「長毛猛獁象的滅絕時期」。

至於長毛猛獁象滅絕的原因，眾說紛紜。

說到距今一萬年前，正是地球氣候從冰期轉移到間冰期的時期。氣溫一旦轉變，植被也會改變。對於植食性的長毛猛獁象而言，等於是直接影響到自己的食物。有人認為長毛猛獁象之所以滅絕是因為無法順應上述的變化，不過這種說法無法解釋為什麼還有個體能苟延殘喘到約四千年前。

比較有力的說法，是長毛猛獁象遭到人類過度的濫捕濫殺。畢竟長毛猛獁象太好用了，從食物、衣服到建材都能為人所用。也有人認為是人類徹底抓光了長毛猛獁象，利用殆盡使其滅絕。事實上，人類到達某些地區的時期與長毛猛獁象那種大型哺乳類滅絕的時期是一致的。

「因為太好用而被捕捉殆盡」的假設或許也能給現代社會一記當頭棒喝。就像本章開頭介紹的「能幹的人」，他們的身心真的沒問題嗎？會不會也累積了許多就連本人也沒發覺的疲勞呢？

如果各位也是能幹的人，最好趁此機會回頭審視自己的健康狀態；而如果你正仰賴著「能幹的人」，偶爾也要體恤一下他們的辛勞。萬一自己病倒或對方跑掉，可就得不償失了。

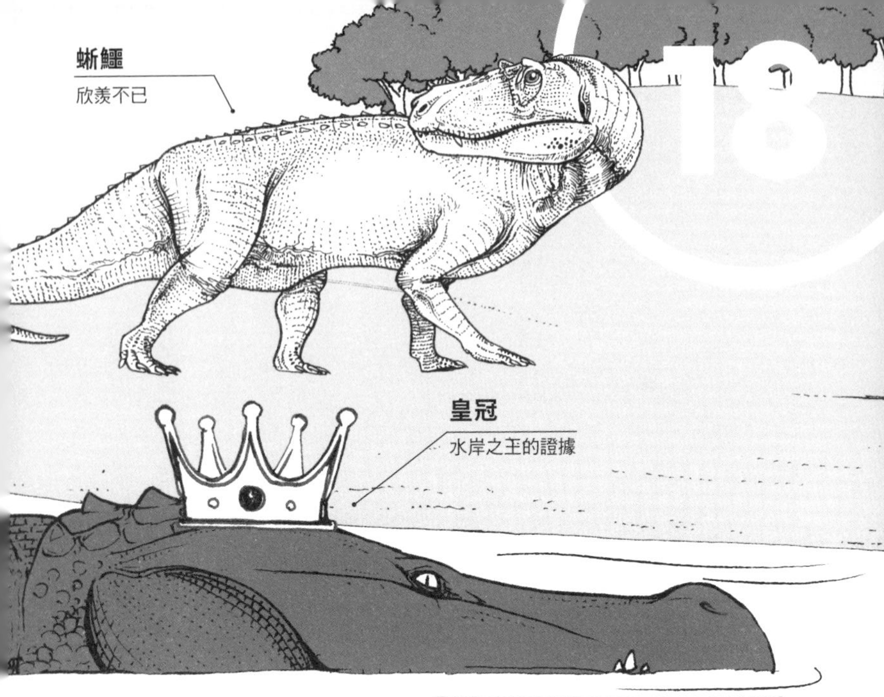

活在自己的舒適圈裡

快速認識古生物

蜥鱷

- 全長五公尺
- 長得很像鱷魚，但是直立步行
- 在阿根廷發現化石

恐鱷

- 超巨大的短吻鱷（全長十二公尺）
- 咬合力達一萬七千牛頓
- 因為沒有天敵，壽命很長

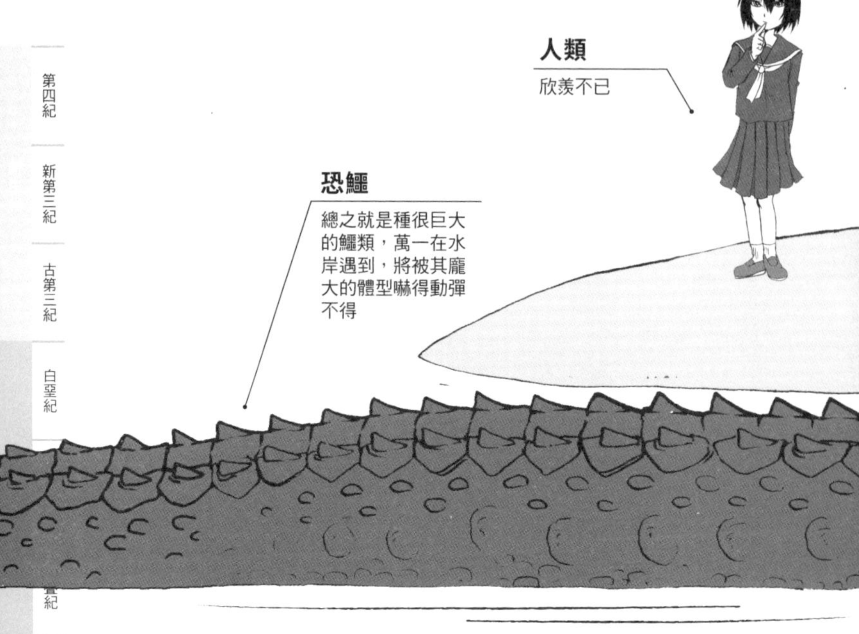

解讀關鍵字

1 單孔類 vs 恐龍類 vs 偽鱷類

2 三疊紀（約兩億五千兩百萬年前～兩億一百萬年前）

3 「進軍水岸」的鱷形類群

在各位所屬的組織中，或許也存在著「主流」與「非主流」。組織愈大，存在非主流的可能性也愈高。

例如學生，尤其是準備升學的高中生，有些雖然是自然組，但文科的成績其實比較好。又例如出版社，有些科學雜誌的編輯反而更善於處理文學題材。

遵循主流的生存之道確實比較穩定。如果是自然組，課程上應該都比較重視數理；如果是科學雜誌的編輯部，理科的題材應該比較容易被採納。然而找到非主流的生存法則，藉此得到主流的人缺乏的武器，有時候反而能得到意想不到的收穫。這次要講的就是類似這樣的故事。

過去曾是主要勢力

恐龍在中生代打響知名度，開啟恐龍時代，而「三疊紀」正是中生代三個「紀」的第一個「紀」，年代介於約兩億五千兩百萬年前到兩億一百萬年前這五千一百萬年之間。

這麼說來，三疊紀就是「恐龍出現的時代」。這種說法固然沒錯，但如果只關注恐龍類，恐怕會對三疊紀這個時代產生誤解。

在三疊紀，陸上世界有三種脊椎動物類群展開了「勢力角逐」，其中之一就是「單孔類」。「單孔類」包含我們哺乳類以及親緣相近的種類。在三疊紀之前的時代，也就是古生代二疊紀（約兩億九千九百萬年前～兩億五千兩百萬年前），單孔類建立了勢力龐大的帝國，卻在二疊紀末期的大滅絕受到相當大的打擊，於是整個類群在三疊紀逐漸走向下坡（請參照章節〈②就算沒落，捲土重來即可〉）。

剩下兩個類群，其中一個當然是「恐龍類」。這個屬於爬行動物的類群可說是中生代的主角，在三疊紀後期出現，隨後「人才輩出」，不乏超過十公尺的肉食恐龍，以及好幾十公尺的植食恐龍等，不過牠們在三疊紀還只能算是「初出茅廬」而已。

最後一個類群就是「偽鱷類」，名稱由鱷魚的「鱷」與「偽」字組成。「鱷目」成員也包含在內，也就是說偽鱷類是由鱷目及一些親緣相近的類群構成。

勢力逐漸衰退的單孔類，以及勢力逐漸抬頭的恐龍類、偽鱷類。這三類脊椎動物形成了三國鼎立的緊張關係，並開始在三疊紀的陸上世界展開勢力角逐。其中，「勢力最大」的類群正是偽鱷類。

從阿根廷找到的化石「**蜥鱷**」（*Saurosuchus*）可以說是偽鱷類的代表。

如果要用一句話來形容蜥鱷，那就是「擁有堅固強壯的下顎、能直立步行的大型鱷類」。全長可達五公尺，是當時最大的物種；四肢腳踏實地踩在地面上走路。蜥鱷頭骨的形狀也不容小覷，不禁讓人聯想到肉食恐龍明星「暴龍」（*Tyrannosaurus*）；

牠們嘴裡長滿大顆牙齒，自然是肉食性；脖子很粗、尾巴很長。

雖然名為「鱷」，蜥鱷並不是鱷目的動物，只是與鱷目親緣相近的種類。蜥鱷跟鱷目有個很大的差異，就是「直立步行」這點。這裡所謂的直立步行並非像我們人類一樣用雙腳站立、抬頭挺胸地走路……人類的直立步行叫作「雙腳直立步行」，而爬行動物的「直立步行」指的是腳是從軀幹的下方伸直的。相較於鱷目的四肢是從軀幹往兩側伸展，蜥鱷的四肢則是從軀幹往下方伸直，確實是直立步行沒錯。恐龍類及大部分哺乳類的腳都是以直立步行的方式生長。

在蜥鱷登場的時代也有恐龍，不過大部分都是全長一公尺左右的小型種，沒有跟蜥鱷一樣大的種類，瘦瘦小小的恐龍還沒長成能跟蜥鱷「爭霸」的模樣。

三疊紀的偽鱷類不只有肉食性的「強者」，也有植食性的種類，還有背上有很多大棘，或是跑得很快的種類。而在蜥鱷登場約兩千萬年以後，肉食性的偽鱷類更出現了全長十公尺的大型種。

就這樣，偽鱷類在三疊紀建立起自己的黃金時代。

找出生存之地

三疊紀末期發生了大規模的大滅絕，原因眾說紛紜，一說是隕石撞地球，一說是火山大爆發。說得坦白一點，就是目前還不清楚造成這次滅絕的原因，只知道確實有大量的動物從陸地上和海洋裡消失了。

咦？怎麼又來了？

或許有讀者會這麼想，因為三疊紀開始前，才剛發生過史上最大的大滅絕，三疊紀末期又發生了規模稍微小一點的大滅絕。事實上，三疊紀確實是空前絕後的地質時代，前後都發生了大滅絕。

雖然滅絕的原因，還有當時的地球到底發生了什麼樣的環境變化，目前還沒有定論。然而當三疊紀告一段落，由侏羅紀開啟新時代後，三國鼎立的相對關係也產生了相當大的變化。

到了侏儸紀，單孔類只剩下哺乳類存活下來，「弱化」到再也稱不上是「三巨頭」之一。而在三疊紀曾經十分繁榮的偽鱷類，有很大一部分也都銷聲匿跡，只剩下跟鱷目關係親近的類群。

在這兩個類群式微的情況下，恐龍類迎來了空前的盛世。牠們不斷擴展勢力，讓中生代成為了「恐龍時代」，並持續了一億三千萬年以上。想必大家都聽說過這時恐龍類的繁榮事蹟了，本書也在許多章節介紹過，所以這裡就不贅言。

值得注意的是偽鱷類殘存下來涵蓋了鱷目的類群，名為「鱷形類群」。鱷形類群起初跟恐龍類生活在同一個生活圈裡，然而到了侏儸紀，鱷形類群成功開拓出新的勢力範圍，那就是「水岸」。大部分的恐龍都昂首闊步地在內陸稱霸，鱷形類群卻在水岸找到了新的生活圈。

這時進軍水岸的鱷形類群雖然並非鱷目，但外觀與鱷目幾無二致。四肢不像蜥蜴那樣直伸向軀體下方，而是像鱷魚那樣往旁邊伸出；頭部又寬又長，愈靠近嘴巴前端愈窄；背部則有一排排名為鱗板的「裝甲板」。

進軍水岸的策略確實有成。從此以後，鱷形類群就爬上水岸生態系的金字塔頂端，當時建立的對水岸的支配權，就這樣一直延續到今天。現在的鱷目有超過二十種，琳琅滿目。特別在溫暖的地帶，整個水岸生態系都是牠們的天下。

附帶一提，鱷形類群在侏羅紀「進軍水岸」的舉動，還「無心插柳」地孕育出完全適應水生的種類，其中還出現了好幾種四肢變成鰭、還有尾鰭的種類。

已經完全適應水棲的鱷形類群後來也過得順風順水，不止侏羅紀，在白堊紀也留下了好幾個種類。可惜還來不及迎來白堊紀末期的大滅絕，這種水棲的鱷形類就消失了（這場讓恐龍滅絕的知名事件，就是「白堊紀—第三紀大滅絕」。請參照前面章節〈⑧滅絕還是存活，終究要靠運氣〉）。

在「新天地」大有斬獲

總而言之，進軍水岸的鱷形類群成功地建立起霸權。以下就為各位介紹一種鱷形類群，據說就連恐龍也大感震撼，那就是「**恐鱷**」（*Deinosuchus*）。

恐鱷屬的化石是從分布於美洲的白堊紀地層中發現的。寫得更精確一點，恐鱷屬是鱷形類群中的一個屬，也是鱷目的一員，屬於短吻鱷科。

現存的美洲短吻鱷就屬於短吻鱷科，恐鱷的外表確實長得很像美洲短吻鱷……只不過體積天差地別。美洲短吻鱷全長六公尺左右，相比之下，恐鱷的全長可達十二公尺。十二公尺幾乎跟肉食恐龍的帝王暴龍相當。經過分析，恐鱷巨大的下顎可以產生超過一萬七千牛頓的咬合力。這個數字雖然遠不及暴龍，依舊優於絕大部分的肉食恐龍與現存的鱷類。

為什麼會出現這麼大的短吻鱷類呢？

其中一個原因可能是因為恐鱷缺乏稱得上天敵的存在，也就順利地長大了。成長到超過十二公尺的個體年齡超過五十歲，而且其中的三十五年都屬於「成長期」；即使過了成長期，恐鱷也依舊自由自在地繼續成長。這麼長壽也足以解釋牠們如何在水岸建立支配權。可見唯有穩定又和平的環境，才能創造出「長壽社會」。

自白堊紀末期的大滅絕後，這些大型種都消失了，但是鱷目至今仍有許多大型種，例如全長可達七公尺的灣鱷。認識了「十二公尺」的恐鱷，再聽到「七公尺」這個數字，或許會覺得很小，但現在陸地上幾乎沒有體積這麼大的動物了。順帶一提，有關恐龍時代的鱷目及其同類，北海道大學綜合博物館的小林快次寫了一本名叫《鱷類與恐龍的共存》的書。本章也大大地參考了這部作品，裡面有許多中生代的鱷類資料，是很珍貴的一本書，推薦給大家。

在三疊紀壯大的偽鱷類中，鱷形類群存活了下來，並適應了水岸的生活，留下子孫，開創盛世，成功建立起「水岸支配者」的地位，並延續到今天。單以結果而言，比起在侏羅紀內陸大放異彩的恐龍類，鱷形類群坐在「支配者寶座」上的時間反而更長久。由此可見，能找到自己主場的人，或許才是真正的王者。

19 休息時更要做好萬全準備

——敵人不見得也在休息

快速認識古生物

洞熊

・更新世最強悍的哺乳類
・學名為「*Ursus spelaeus*」
・市面上常以「獨角獸骨頭」、「龍骨」等名義販賣其骨頭化石

著急的人類

?!

洞熊

睡得很香甜

Zzz……

解讀關鍵字

1 更新世（約兩百五十八萬年前～一萬年前）

2 「在同一個洞窟發現化石」代表什麼？

3 冬眠時的活動程度

在工作型態漸趨多樣化的現代，自己休息的時候，別人不見得也在休息。

隨著「勞動改革方案」的推進，企業組織開始鼓勵員工該休假就休假。但說穿了，不是得把工作帶回家做，就是自己想在家裡工作。

對於我這種自由工作者而言，要不要休假原本就是看自己的工作狀況與（當時真實的）心情而定。只

呵呵呵……

穴獅（左）與洞鬣狗（右）

正打算襲擊沉睡的洞熊

要刻意在一般公司的休息時間工作、趁多數人工作時我休息，就能在觀光景點沒什麼人的時候去玩。既然每個人的休息時間不同，就必須意識到「自己休息的時候，別人不見得也在休息」。

自然界也是如此，不可能所有動物都一起休息。而不管再厲害的強者，該休息的時候也得休息。這時，強者會遭遇到什麼問題呢？

以上就是本章節的重點……或許吧。

王者也要休息

在離現在不遠的幾萬年前，歐亞大陸北部有一種體長兩公尺的大型熊，長得跟現在的熊大同小異，但是腳比較短、頭比較大。雖然是植食性，卻是當時最強悍的動物之一，這種熊叫作「**洞熊**」（*Ursus spelaeus*），是新生代第四紀更新世（約兩百五十八萬年前～一萬年前）的代表性哺乳類動物。

更新世是冰期與間冰期不斷更迭的時代，歐亞大陸北部經常處於冰天雪地的狀態。洞熊在這麼寒冷的時代依然強盛，人們尤其在歐洲各地發現了大量的化石。就像

現在的熊，洞熊在各地的生態系中，都是盤踞金字塔頂端的位置。

另外，因為找到的洞熊化石數量太多，到了中世紀的歐洲，洞熊骨頭的化石常以「獨角獸的骨頭」、「龍骨」的名義兜售。

洞熊長得像熊，一點也不像獨角獸或龍，即使變成了骨頭也不像。然而，單靠一根肋骨或一根手指骨頭，確實難以判定是不是虛擬的動物，而且只要打碎就更看不出原本的形狀了。據說以前還有人把洞熊的化石磨成粉末，裝作是「獨角獸骨頭」或「龍骨」販賣，號稱此藥可以延年益壽、包治百病。關於這方面的傳說與古生物的關係，在由我執筆、妖怪古生物學家荻野慎諧審定的拙著《怪異古生物考》中整理得很詳盡，有興趣的人不妨閱讀看看。

洞熊的英文有「兩種說法」，一是學名「*Ursus spelaeus*」，二是英文俗名「Cave bear」，可見「洞熊」是從英文俗名直譯而來。大部分的洞熊化石都是在洞窟裡發現的，因而得名。

洞熊之所以能成為足以代表更新世的動物，原因之一在於發現的化石數量。前面有提到人們發現了大量的洞熊化石，事實上這個「大量」還真不是普通的多。例如在羅馬尼亞的「熊洞」洞窟裡，就發現了一百四十個以上的化石，在德國的帕利希洞窟群則找到超過兩千四百個化石。明明經歷過中世紀的化石濫挖，還能找到這麼多，數量著實驚人。

看樣子，這種「更新世最強悍的動物」就住在洞穴裡，並把洞穴當成冬眠及生產的場所。牠們應該是在嚴寒的氣候中，躲進洞穴休息。

一旦大意就會招來攻擊

在寒冷的時代，洞熊住在洞窟裡，進而獲得一定的繁榮。

事實上，名字裡有「洞穴」字眼的更新世哺乳類不只洞熊，還有「**洞鬣狗**」（*Crocuta spelaea*）及「**穴獅**」（*Panthera spelaea*）。直覺比較敏銳的讀者或許已經注意到了，學名中的「spelaeus」或「spelaea」就是「洞窟」的意思。

洞鬣狗體長一・五公尺左右，如同牠的名稱，跟現存的鬣狗親緣相近，外表也很像。穴獅體長二・五公尺左右，跟現存的獅子親緣相近，不過一般認為穴獅沒有現存獅子身上的鬃毛及尾巴尖端那一撮毛。

洞熊、穴獅、洞鬣狗的化石在各自的洞窟被發現，但是也有不少案例是在同一個洞窟發現的。在同個洞窟裡發現化石，難道意味著為了躲避寒冷的氣候，牠們跨越了種族的藩籬，一同挨著取暖……聽起來似乎很美好。

然而，現實是殘酷的。

剛才講到洞熊的化石時，我舉了德國的帕利希洞窟群為例。根據專門調查這個洞窟群化石的羅馬尼亞伊米爾・拉可維塔洞穴學研究所的卡尤斯・G・迪德里希，於二〇〇九年彙整的研究報告指出，在有穴獅、洞鬣狗化石的洞窟裡，通常一定能找到洞熊的化石，而且洞熊的骨頭通常都有遭穴獅、洞鬣狗啃咬的痕跡。據說在某個洞窟裡，可以確認身上有上述齒痕的洞熊，比例高達百分之四十一。

講一個可能有點驚悚的故事，大家不妨想像一下。

去畢業旅行的時候，班上四十位同學一起睡在旅館的大通鋪。經過一個晚上，醒來一看，其中有十六個人身上都有傷痕，百分之四十一就是這麼多。

迪德里希指出，洞窟雖是洞熊的住處，但穴獅、洞鬣狗可能把洞窟視為狩獵的場所。

一般而言，如果要狩獵洞熊這種大型哺乳類，獵人這邊其實也承擔了相當大的風險，因此如果沒有什麼特殊理由，通常不會去狩獵這種大型哺乳類。洞熊的體長達兩公尺，相當龐大，而且粗壯的手臂還長著有力的爪子，嘴裡也有尖銳的牙齒，被譽為更新世最強悍的動物。

只不過，無論再怎麼強悍的動物，都會有一段時間毫無防備，那就是睡覺的時候。尤其為了忍耐寒冷、降低活動程度，洞熊會有冬眠時期，那更是毫無防備的極致。

倘若不會反擊，那麼即使是體長兩公尺的龐然大物，也不過是「大型的獵物」而已。穴獅、洞鬣狗或許就是利用這個機會，躡手躡腳地偷襲洞熊。

洞熊雖然在冬眠，但穴獅和洞鬣狗可沒有休息，反而精力充沛地到處活動。就像這樣，即使自己處於休息的狀態，世界上還是有許多人正充滿侵略性地活動著。至於這個觀點是不是「工作狂的胡言亂語」則端看各位怎麼想了。只不過，就連洞熊這種「當時的王者」休息時也會遭到攻擊，或許也暗示了些什麼。

話說回來，洞熊真不愧是「更新世最強悍的動物」。既然穴獅與洞鬣狗不住在洞

窟裡，那麼如果在洞窟裡發現牠們的化石，就表示牠們死在了那裡，來不及離開。說不定牠們以為洞熊正在睡覺，但洞熊其實沒睡著，所以在偷襲的時候反過來被洞熊要了小命。

非要休息才招致滅絕？

洞熊滅絕於大約一萬年前，這個時間點跟更新世的其他大型動物滅絕的時期一致（請參照前面章節〈⑰『能幹』很危險〉）。

更新世末期，大型的哺乳類陸續消失。有人認為是因為當時氣候轉暖，所以植被改變，植食動物無法因應；也有一派說法認為動物是被人類狩獵殆盡的。

根據德國馬克斯．普朗克演化人類學研究所的馬蒂亞斯．史提勒等人分析DNA的結果，在二〇一〇年發表了結論：「洞熊並非在大約一萬年前突然滅絕。」

根據史提勒等人的研究，早在洞熊滅絕的一萬五千年前左右，也就是距今約兩萬五千萬年前，洞熊的數量就已經慢慢減少了。這種慢慢減少的背景因素，除了環境變化和人類獵捕以外，史提勒等人還指出其他因素，那就是「洞窟被人類搶走了」。

就像對穴獅及洞鬣狗而言，洞熊是「風險極高的獵物」，對人類來說也是如此，而且獵殺後可以利用的部位也沒有長毛猛獁象那麼多，實在不是值得積極狩獵的對象。

然而，如果是搶奪洞窟之類的住處，那就另當別論了。對人類而言，洞熊棲息的處所也是很舒適的空間。生活空間被人類鎖定、攻擊、掠奪的結果，可能也直接、間接地導致洞熊逐漸減少。

即使是被譽為「更新世最強悍的動物」，曾經盛極一時的洞熊受到了穴獅及洞鬣狗的偷襲，家還被人類搶走，所以數量漸減……也說不定。

我們不確定洞熊遭受其他物種攻擊的時候，事先能做好多少準備，然而我們人類休息前可以做的事不勝枚舉。為了之後不要手忙腳亂，休息前最好先做好各式各樣的準備工作……例如在自己休假前，最好跟同事做好交接跟聯絡。倘若洞熊能互相合作，分成在洞窟深處休息的熊與守在入口的熊，或許就不會滅絕了。

即使性格扭曲也能成功

快速認識古生物

真螺旋菊石

- 螺旋狀的外形
- 直徑五公分、高十公分左右

奇異日本菊石

- 一九〇四年在北海道挖到化石
- 日本古生物學會的代表標誌
- 殼的形狀非常複雜

解讀關鍵字

1 頭足綱
2 異常捲曲的菊石
3 「找到化石」代表什麼？

【拐彎抹角】

・比喻說話或做事不直爽。

（引用自《重編國語辭典修訂本》臺灣學術網路第六版）

各位身邊是否也有拐彎抹角的人？無法坦誠地面對世間萬物，受到稱讚也不高興，還會懷疑讚美自己的人是否別有用心。當大家想要推動什麼事情的時候，只有自己一個人跟大家不同調，而且還不覺得有什麼不妥。

我就是我，與眾不同的我。沒什麼協調性，有時候還會瞧不起別人，或者是莫名其妙地貶低自己。可是「拐彎抹角」不見得是一件壞事。應該也有能讓性格扭捏的人發揮所長的環境，例如發揮其獨特的創意、從負面觀點產生出的客觀角度等等。

放眼生命的歷史，也有一個類群孕育出許多「性格扭曲的傢伙」，取得盛世。即使不熟悉古生物的人，恐怕也聽過那個類群的大名，那就是「菊石目」。

起初原本是直的

「菊石」這個名詞的知名度想必跟「恐龍」、「三葉蟲」不相上下，而且許多人對菊石的印象大概都是以下的模樣。

殼一圈一圈形成螺旋狀的樣子，比蝸牛的殼再扁一點。寫得更專業一點，殼捲成平面螺旋狀，外側的殼與內側的殼緊緊地捲在一起……各位腦海中是否也浮現出這樣的形狀呢？

這種形狀的菊石確實是這個類群的「主力」，但其實還有其他許多奇形怪狀的菊石。

再說「菊石」本來也不是指單一種類，而是指「菊石目」這個類群。菊石目是頭足綱底下的一類，與恐龍一起在距今約六千六百萬年前的中生代白堊紀末滅絕。在描繪恐龍時代的插圖中，可說是一定會登場的「名配角」。

既然是頭足綱，就表示跟章魚、烏賊、鸚鵡螺等親緣相近。聽到章魚及烏賊，各位或許覺得莫名其妙，但如果是鸚鵡螺應該就可以理解了吧。

順帶一提，蝸牛殼、海螺殼跟屬於頭足綱的鸚鵡螺殼，其實有著關鍵性的差異。蝸牛及海螺的殼可以從殼的開口一路通到深處，沒有任何屏障（大家可以回想夜市的鳳螺）。然而，鸚鵡螺、菊石的殼內部會有層層屏障，無法從開口一路通到深處。鸚鵡螺、菊石的頭以及內臟等軟組織，都收在稱為「體室」、靠近殼開口的空間。

鸚鵡螺及菊石將殼分隔的空間稱為「腔室」，有一條貫通各腔室的體管，可以經由那條體管將體液從腔室排出，藉此調整腔室的液體量及浮力。這就是鸚鵡螺及菊石的浮力調整系統，構造類似現代的潛水艇。

言歸正傳。菊石目與親緣相近的類群同屬於「菊石亞綱」這個更大的類群。一般認為菊石亞綱比鸚鵡螺類更特化。

菊石目最為人熟知的固然是平面螺旋狀，但其祖先出現在地球上的時候，殼其實是圓錐形的……也就是直線的形狀。

菊石亞綱始於直線型的外殼，隨著歲月流逝，殼出現弧度，前端開始捲曲，變成圓弧形，再變成平面螺旋狀，最後外側的殼將內側的殼緊緊地包起來，演化成如今眾所周知的形狀。這種菊石外殼的變化，發生在古生代泥盆紀的約四億一千九百萬年前至三億五千九百萬年前之間。

直線形的殼為什麼會變成圓弧形呢？根據瑞士蘇黎世大學古生物學博物館的克里斯蒂安．克魯格與德國洪堡大學的德爾．柯恩發表於二〇〇四年的研究報告指出，圓殼的種類游得比直殼的種類快。

扭曲也能大獲成功

菊石類變成捲曲為平面螺旋狀的殼之後，進入太平盛世，發展出超過一萬種的多樣化分支。

令人驚訝的是菊石亞綱的「韌性」，牠們成功克服三次大規模的滅絕，分別發生在約三億七千兩百萬年前的古生代泥盆紀末期、約兩億五千兩百萬年前的古生代二疊紀末期，以及約兩億一百萬年前的中生代三疊紀末期。每次發生大滅絕時，即使受到致命打擊，菊石亞綱仍能確實留下命脈，宛如不死鳥般浴火重生，再次發展出多樣化的種類。在歷史的洪流中，牠們唯一無法跨越的大滅絕發生在約六千六百萬年前的白堊紀末期。

在三疊紀末期，菊石類群大家族的其中一個分支——菊石目演化出現在地球上，隨著約兩億一百萬年前的中生代侏羅紀始，一口氣踏上繁榮的道路。這個支序（菊石目）也是三疊紀末期發生大滅絕時唯一倖存下來的一支。

隨著種類愈來愈多，菊石目出現了比較特殊的種類，也就是「主動放棄」祖先得到的「捲成平面螺旋狀的殼」的種類，這種菊石我們稱作「異常捲曲菊石」。

上述「異常捲曲」的形容有點複雜。雖說是「異常」，但這個詞並非指遺傳異常、病態的異常，或演化上的異常。倘若是這種異常，就不會留下數量多到被視為「種」的化石。「異常捲曲菊石」的「異常」頂多只是指這種菊石並不具備「捲成平面螺旋狀的殼」。順帶一提，擁有「捲成平面螺旋狀的殼」的菊石類，稱為「正常捲曲菊石」。

目前已經確認到許多不同類型的異常捲曲菊石，例如跟祖先一樣的直線殼種類、殼直線延伸然後又轉了一百八十度的種類、只有最外圍改變捲曲方向的種類、外殼形狀跟海螺一模一樣的種類等等。

到了白堊紀，異常捲曲菊石在世界各地的海洋特別繁榮。如同在太平洋西北部盛產那樣，北海道也產出了許多異常捲曲菊石的化石。就我學生時代的經驗來說，只要得到採集化石的許可與一定的經驗，再加上一點點興趣，即使沒有打算要找到異常捲曲菊石的化石，也能發現其蹤跡。

以下容我為各位介紹異常捲曲菊石「**真螺旋菊石**」（*Eubostrychoceras*）。

真螺旋菊石的殼，形狀宛如彈簧，但或許形容為「車子的懸吊系統」更貼切也說不定。殼呈現螺旋狀下垂的形狀。

世界各地都發現過好幾種「真螺旋菊石」，牠們大同小異，螺旋直徑多半為五公分左右，全體高度約十公分。其中名為「**日本真螺旋菊石**」（*Eubostrychoceras japonicum*）的種類在北海道被挖出大量的化石，已知是約九千萬年前（白堊紀後期）的菊石。

要扭曲就扭曲到底

真螺旋菊石的扭曲程度還真不是蓋的。然而在異常捲曲菊石中，還有更瘋狂的扭曲程度，對比之下真螺旋菊石看起來都顯得可愛。

這種菊石名叫「**奇異日本菊石**」（*Nipponites mirabilis*）。「ites」是拉丁文，代表「石頭」的意思；「*Nipponites*」就是指「日本的化石」。這款命名於一九〇四年的菊石化石發掘於北海道。如同牠的名字，是足以代表日本的化石，知名度遍及全世界，甚至成為日本古生物學會的標誌。自二〇一八年起，更將發現「日本的化石」（*Nipponites*）的十月十五日訂為「化石之日」，作為享受化石之樂的紀念日。

另一方面，「奇異日本菊石」的「*mirabilis*」則是拉丁文「令人大吃一驚」或「不可思議」的意思，這個單字簡單扼要地表現出奇異日本菊石的特徵。

奇異日本菊石的殼「彎彎曲曲的程度」難以用言語呈現。有人用「猶如蛇複雜地蜷曲成一團」來形容奇異日本菊石的捲曲方式。牠的殼歪七扭八地往垂直、水平等四面八方繞來繞去；愈靠近中央，殼的直徑愈窄，愈靠近外側的殼愈粗。儘管歪七扭八地往四面八方繞來繞去，卻又是小小的一顆，體積大概只有大人的拳頭大小，這就是「異常捲曲」的精髓。

不過這種捲曲方式其實有其規則。愛媛大學的岡本隆早在一九八〇年代就已釐清其中的奧祕。不止奇異日本菊石，所有菊石目的殼都是由中心往外側生長。這時可以改變的要素只有「捲曲」、「扭曲」、「粗壯」這三項。菊石類邊長大邊將這些要素組合起來。奇異日本菊石也不例外，在成長的過程中規律地改變旋轉的方向。如果可以用三角函數表示奇異日本菊石的捲曲方式，自然組的人或許就能察覺到牠的規則吧。

奇異日本菊石表現出其他異常捲曲菊石望塵莫及的捲曲程度，但其實牠跟前面提到的日本真螺旋菊石，有先後親緣關係。

岡本透過電腦模擬，解析奇異日本菊石外殼的捲曲方式，發現只要稍微改變奇異日本菊石外殼的構成參數，就能形成真螺旋菊石的殼。

也就是說，只要「稍微改變」奇異日本菊石的基因，就會變成真螺旋菊石。

觀察化石的產出狀況，奇異日本菊石與真螺旋菊石的化石都在同一個地區被發現，而真螺旋菊石比奇異日本菊石稍早一點，因此真螺旋菊石是祖先，奇異日本菊石為其後裔。

換言之，即使奇異日本菊石扭曲到極點，其實也是從其他菊石演化而來的。

本書從這個觀點換個說法：即使是性格扭捏的人，肯定也是因為某個微小的變化才變得這麼扭捏。

此外不愧是「日本的化石」，包括東京上野的國立科學博物館在內，日本各地的博物館都有展示奇異日本菊石的化石。我推薦離產地很近的三笠市立博物館。這家博物館素有「菊石博物館」的盛名，不止有奇異日本菊石、真螺旋菊石，還展示著各式各樣異常捲曲菊石的化石（當然也展示了很多正常捲曲菊石）；除此之外，還提供難度恰到好處的玩家級解說。

倒也不是因扭曲而滅絕

看到扭曲到極致的奇異日本菊石，如果你以為牠是走進了「演化的死胡同」可就大錯特錯了。即使是怪到極致的人，也曾有過風華絕代的日子，「找到化石」的事實便是證據之一。

生物死後，變成化石的機率極低。尤其像奇異日本菊石這種化石，要是生前遭到肉食性的大型海棲動物攻擊，就不會留下化石。即使已經死亡，要是屍體被大大小小的動物蹂躪，也不會留下化石。

為了留下屍體，變成化石，就不能被動物吃掉、蹂躪，且必須克服各種自然現象的破壞，需要相當多的「運氣」。也就是說這基本上是機率問題，如果不夠繁榮、數量不夠多，就很難留下化石。

儘管如此，產地仍發現了大量奇異日本菊石的化石。根據我在大學、研究所對其

產地進行地質調查與採集化石的感覺，要找到奇異日本菊石的化石雖非易事，但是和其他種類的化石比起來，倒也沒有那麼困難。即使我本身在調查時並沒有找到，卻也認識好幾位曾經找到過的學者及玩家（困難的反而是發現後，如何從岩石中挖掘出化石來，要完整挖出像奇異日本菊石那種複雜的形狀需要專業的技術）。

從發現大量化石的事實也可以看出，奇異日本菊石顯然並不是「扭曲的失敗者」。絕不能小看怪人。他們有他們成功的理由，只不過現階段的科學還無法回答（以我們的知識還無法理解）他們那麼怪的理由。比起奇異日本菊石（怪人）本身，更應該把注意力放在今後的研究發展（周圍的理解能力）上。當今後的研究發展（周圍的理解能力）到一個程度，肯定就能明白其繁榮（成功）的理由。

21

勇於放下一切
反而能逢凶化吉

快速認識古生物

四足蛇

・是有名的「有四肢的蛇」
・全長二十公分左右
・可以潛入地底

兩足蛇

・有後腳的蛇
（＝「捨棄」前腳的蛇）
・在阿根廷發現化石
・棲息在陸地上

解讀關鍵字

1 蛇類演化的歷史

2 蛇類「捨棄」四肢後得到了什麼？

回顧脊椎動物的演化史，可以知道如果獲得某些特定的特徵，將有助於竄紅，使類群獲得繁榮的

「發展」。

上述特徵之一，就是將在後面章節〈㉗凡事都要懂得應用〉介紹的「得到四肢」。自從脊椎動物出現在地球上，花了將近一億五千萬年的歲月演化，才得到了四肢，幫助我們的祖先脫離水域，成功在陸地上建立穩固的世界。

然而，世上也有「捨棄」四肢以完成演化的動物。那種動物捨棄四肢的結果，並不代表縮小生活圈，牠們的生活圈反而擴大到樹上、陸上、地底，乃至於水域，尤其在地底發揮了無人能及的強大力量。

傳說中，那種動物在舊約聖經的〈創世紀〉唆使人類偷嘗智慧的禁果。

那就是蛇。

如果沒有必要，就不需要

回溯演化的歷史，蛇類的祖先原本是擁有四肢的動物，這點無庸置疑。

事實上，人們確實在巴西當地約一億兩千萬年前（中生代白堊紀前期）的地層中，發現了「有四肢的蛇」化石。這種蛇叫「**四足蛇**」（*Tetrapodophis*），全長二十公分左右，細細長長的身體擁有長約幾公分的小巧四肢。明顯不平衡的四肢到底有什麼作用，至今不得而知。不過一般認為從生態來看，四足蛇可以潛入地底。

後來，蛇類先「捨棄」了前腳，在以色列及阿根廷都發現「有後腳的蛇」化石。

以色列「有後腳的蛇」據說活在約九千八百萬年前，名叫「**厚棘蛇**」（*Pach-*

yrhachis），全長一．五公尺左右，靠近末端長著小巧的後腳，還有較軀幹細的腰部，但沒有前腳。阿根廷的「有後腳的蛇」則活在約九千三百萬年前，名叫「**兩足蛇**」（*Najash*），全長兩公尺左右。厚棘蛇與兩足蛇幾乎都是同個時代「有後腳的蛇」，但生活環境大相逕庭。厚棘蛇棲息在海裡，兩足蛇棲息在陸地。

關於蛇類的演化，分成「水中演化說」與「陸地演化說」，而且對於蛇的腳是在水中或陸上（地底）「消失」的，學者也各持不同的意見。

就現階段而言，四足蛇與厚棘蛇以陸地演化說具有比較多的證據，占了比較大的優勢。不過也有人不認同四足蛇真的是蛇，所以至今還沒有結論。

「不惜捨棄也要演化」的未來

蛇的演化，因為捨棄了四肢而出現吉兆。

四足蛇、厚棘蛇、兩足蛇等初期的蛇類出現在地球上的時代為白堊紀，白堊紀同時也是恐龍類的全盛期。

我們現在已經知道在白堊紀末期，有些蛇類會侵襲恐龍類的巢穴。可見即使失去了四肢，蛇類也已經得到足以主動攻擊當時王者巢穴的能力。

而當白堊紀結束，進入下一個時代，也就是新生代古第三紀開始沒多久，「史上最大的蛇」就出現了。這種蛇的化石在哥倫比亞被發現，學名為「**泰坦巨蟒**」（*Titanoboa*），意思是「巨大的蟒蛇」。泰坦巨蟒的化石只有局部，從局部化石推測其全長達十三公尺，體重超過一．一公噸。

就連網紋蟒、綠森蚺這些現在地球上被視為特別大型的蛇類，全長也不過九～十公尺，可見泰坦巨蟒遠遠大於這些現存大型蛇類。

基本上，蛇類能吞下比自己的頭還大的物體，身體極為柔軟且強韌。某部分的蛇類甚至具有紅外線感應能力，能入侵就連生態系金字塔頂端的大型哺乳類及大型爬行動物皆無力進入的狹小場所，以捕獲獵物。這也表示蛇類會侵襲小型哺乳類認為安全無虞的巢穴深處；有時候，就連大型哺乳類及大型爬行動物也會淪為蛇類的獵物。即使是人類，也曾被蛇類捕食。由此可見，蛇類真的是非常可怕的類群。

正因為蛇類不執著於遠古的祖先獲得的特徵，「捨棄」四肢換來演化的結果，可以說是大獲全勝。

專注固然是好事

——但太專注也會失敗

快速認識古生物

迅掠龍

- 小型的肉食恐龍
- 全身覆蓋著羽毛
- 有尖銳的鉤爪

原角龍

- 小型的角龍類
- 已發現正與迅掠龍格鬥的化石

（群馬縣的神流町恐龍中心有還原的骨骼）

解讀關鍵字

1 戰鬥恐龍
2 梅塞爾化石坑（德國西部）
3 史前海龜交配時的化石

第四紀
新第三紀
古第三紀
白堊紀
中生代
侏羅紀
三疊紀
二疊紀
石炭紀
泥盆紀
古生代
志留紀
奧陶紀
寒武紀

我們看到的化石中，保存狀態特別良好、留下許多部位的化石，多半是意外死亡的結果。像是被氾濫的河川沖走、失足陷落無底沼澤、被捲入暴風雨等等，壽終正寢的個體留下化石的例子反而很罕見，因為除非是遭遇意外事故突然死亡，否則屍體有很大的機率會被肉食動物啃食得七零八落。

在上述「意外死亡」的情況下，有些化石堪稱「登峰造極」。

專注於戰鬥中……

有一種名叫「**迅掠龍**」（*Velociraptor*）的小型肉食恐龍，全長二．五公尺，體重二十五公斤。據說全身都覆蓋著羽毛，手臂有如翅膀。後腳是牠最大的特徵，第二根腳趾有長達十公分左右的尖銳鉤爪；鉤爪為可動式，走路時會朝上彎曲，以免造成干擾；戰鬥時則向前伸或是往下勾，變成強而有力的武器。戰鬥時，迅掠龍利用輕巧的身體，狠狠地一腳踹向獵物的致命處，是非常有攻擊性的恐龍。

不過，出現在電影《侏羅紀公園》及《侏羅紀世界》系列的「迅掠龍」，其實是以親緣跟迅掠龍相近的「**恐爪龍**」（*Deinonychus*）為範本，牠長得跟迅掠龍很相似，

但體型大上一號。

還有一種叫「**原角龍**」（*Protoceratops*）的小型角龍類，全長與迅掠龍相同，皆為二．五公尺，但體重達一百八十公斤，超過迅掠龍七倍。原角龍是四足步行的植食恐龍，屬於角龍類；而角龍這個類群以「**三角龍**」（*Triceratops*）為代表，其化石是在北美的白堊紀地層找到的。三角龍的後腦杓有一大塊骨質頭盾，臉頰往左右張開，有些種類還有角，是其特徵。原角龍也有骨質頭盾，但沒有角。

迅掠龍與原角龍的化石都在蒙古被發現，已知兩者棲息在同個時代、同個地區，甚至我們還能確認肉食的迅掠龍曾襲擊過植食恐龍原角龍的事實，因為人們發現了保留襲擊瞬間的化石。

這個化石稱為「戰鬥恐龍」（Fighting Dinosaurs）。在化石中，迅掠龍正攻擊體型比自己稍微小一點的原角龍，左腳的鉤爪插進原角龍的脖子；而原角龍也不甘示弱，牢牢地咬住迅掠龍的右手。

在約八千四百萬年前～七千兩百萬年前（白堊紀後期）的某一刻，在蒙古兩隻恐龍「戰鬥的瞬間」變成了化石。目前在群馬縣的神流町恐龍中心可以看到其還原的骨骼模型。

找到化石，就表示牠們已經死了。

因為太專注於戰鬥，兩隻恐龍居然保持著戰鬥的姿勢被沙掩埋，就這麼死掉。戰鬥恐龍正是見證這最後一刻的證據。不知是正在戰鬥時，附近的沙丘突然崩塌，還是突然受到大規模的沙塵暴侵襲，總之兩者同歸於盡。

愛到一半……

德國西部有個名為「梅塞爾化石坑」的化石產地，從這個產地裡挖掘出許多活在新生代古第三紀始新世約四千八百萬年前～四千七百萬年前的動物保存良好的化石。

二〇一六年，有一份從這個產地挖出烏龜化石的報告，姑且稱其為「史前海龜」（*Allaeochelys*），無論大小還是外觀，都平凡無奇。

這種看起來非常普通的烏龜為何會受到矚目？原因在於化石的產出狀況。化石一共有九組，由體型比較小的雄龜與體型比較大的雌龜組成，其中有兩組的雄龜尾巴壓在雌龜的身體底下。根據發現這些化石的德國圖賓根大學的沃爾特・G・喬埃斯等

人指出，這是「正在交配的化石」。

梅塞爾化石坑在始新世時是座混濁的湖泊，表層水域是有很多動物棲息的「普通湖泊」，但深層的水域據說氧氣比較少、毒性比較高。

九組史前海龜大概是在表層水域交配，不，恐怕不止九組海龜。棲息在這座湖泊的海龜或許皆以表層水域為生活圈，幾乎都在表層交配，而且通常很快就「完事」了。

根據喬埃斯等人的報告，至少有九組全神貫注地在交配。喬埃斯等人認為這些海龜即使身體在下沉仍繼續交配，不知不覺進入毒性較高的深層水域。因為太專心交配，未能掌握自身的狀況，就這樣保持在交配的姿勢變成化石。牠們就算不是立即死亡，也跟立即死亡差不了太遠。

如果太專心做一件事，忘了留意四周，可能會發生無法挽回的憾事。或許我們應該記住戰鬥恐龍及史前海龜為我們敲響的警鐘。

沒個性——又怎樣？

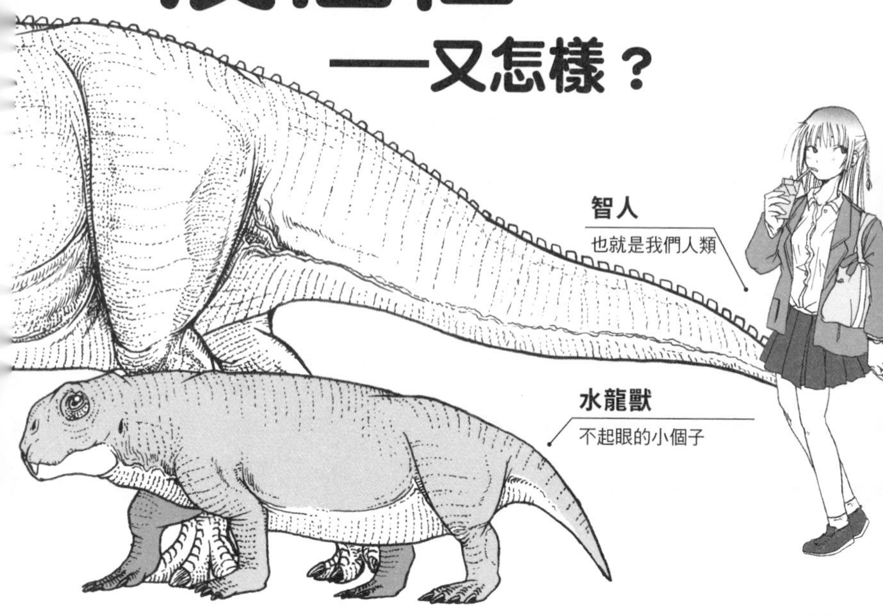

快速認識古生物

智人

- 也就是我們「現存的人類」
- 沒有足以跟古生物相提並論的強烈風格

水龍獸

- 長得就像有喙但很醜的小豬
- 群馬縣立自然史博物館有真實化石
- 說得直接點，雖然不起眼，卻很繁盛

鴨嘴龍

- 雖然是（植食）恐龍，卻沒有明顯的特徵
- 鳥腳類（與鳥類無關）
- 在白堊紀後期盛極一時

解讀關鍵字

1 **繁榮的必須條件是個性還是實用性？**

2 **從水龍獸的化石分布可以了解什麼？**

3 **鴨嘴龍為何能崛起？**

如果把人類視為物種來看，現在的人類「**智人**」（*Homo sapiens*）並沒有強烈的個性……我這樣寫，可能會被許多人大罵。

智人確實擁有大腦、由大腦帶來的海量知識，還有可以抬頭挺胸站起來、用兩條腿走路的基本姿勢，走路時也不需要用到雙手，手也比其他任何動物的手靈巧且多功。除此之外，智人還有許多「只有人類」才有的特徵。從這個角度來看，若說人類「沒有個性」確實非常不正確。

只不過，如果把人類跟出現在這本書裡，各式各樣的古生物復原插圖相比（正好到處都描繪著負責介紹的女生也是本書的特色，不妨將兩者比較一下），確實沒有任何強烈的特徵（頂多只有抬頭挺胸站起來用兩條腿走路這一點，雖然這點也挺強烈的）。

既不像**暴龍**（*Tyrannosaurus*）有壓倒性破壞力的大頭。

也不像**迅掠龍**（*Velociraptor*）的腳尖具備強而有力的鉤爪。

更不像**異齒龍**（*Dimetrodon*）的背後長出背帆。

也沒有**刃齒虎**（*Smilodon*）長長的犬齒，或者**長毛猛獁象**（*Mammuthus primigenius*）包括長毛在內的「耐寒裝備」。

這也沒有，那也沒有，啥都沒有，沒有，沒有，沒有。（絕大部分的）人類都沒有從遠處看或是從背影就能清楚看見的「強烈個性」（我把醜話先說在前面）。

然而，我們的身體在各方面都很吃得開。

以口腔為例，人類的牙齒分成門牙、犬齒、臼齒，每顆牙齒的形狀都不一樣，可以咬斷、撕裂、磨碎各式各樣的食物。因為有這種牙齒，可以吃的食物從動物到植物，選擇很多。

我們的手由五根手指構成，可以抓握形狀各異的物體，每一根手指還能分開來動，做出複雜的動作。手臂能旋轉三百六十度，只要巧妙地運用手臂和手指，就連樹都爬得上去。平常用於走路、跑步的腳也很實用。

要舉例大概可以舉出無數的例子，智人的身體（幾乎）沒有任何特別的地方，可是卻有很多可以用來做各種事的部位——廣泛的用途取代了強烈的個性。

無庸置疑，這些廣泛的用途對人類在生命史上的勢力抬頭與繁榮，具有一定的貢獻。

人類與生俱來的實用性可說是動物界的「登峰造極」，即使在生命史中不具備特別的個性，還是能開創屬於自己的盛世，有時甚至能壓制住「個性十足」的動物。

過去有一種叫「**水龍獸**」（*Lystrosaurus*）的單孔類動物。

所謂單孔類，是指由哺乳類及親緣相近的種類構成的類群，水龍獸不是哺乳類，卻是類似親戚的存在。水龍獸的體長大約一公尺；而「水龍獸屬」底下不止一個種，其中有的不到一公尺，也有超過一公尺的種類。

水龍獸的樣子用「矮肥短」來形容非常貼切，也可以說是「就像有喙但很醜的小豬」。四肢短短、嘴尖尖的，有像烏龜那樣的喙。犬齒發達，向外突出，不過水龍獸的犬齒並不銳利，無法指望當成武器來用。水龍獸應為植食性。日本群馬縣立自然史博物館，有水龍獸真正的化石（頭骨）。

水龍獸出現在古生代二疊紀過半之後，相當於距今約兩億六千五百萬年前。這個時代，世界上充滿個性鮮明的物種，例如植食動物的「傾龍科」，這是一種爬行動物。

如果用一句話簡單形容傾龍，那就是「孔武有力的重量級爬行動物」。全長超過兩公尺的巨體，上下左右都很寬，跟水桶差不多；四肢粗壯，頭部前後的長度較短，臉頰突出，看起來面目猙獰。「**頰龍**」（*Pareiasaurus*）與「**盾甲龍**」（*Scutosaurus*）是頰龍科中最具代表性的種類。在日本茨城縣自然博物館可以看到頰龍幾乎保持在死亡時姿勢的全身骨骼，而在東海大學自然史博物館可以看到盾甲龍的全身還原骨骼。

有一種名為麗齒獸類的肉食性單孔類，被視為曾攻擊過上述頰龍類的動物。麗齒獸的身體以公尺為單位，擁有大大的頭骨，長長的犬齒十分發達。前面的章節〈②就算沒落，捲土重來即可〉為各位介紹過「伊氏獸」（*Inostrancevia*）就屬於麗齒獸類。

除此之外，當時陸地上的世界還有已經能在空中滑翔的爬行動物，與爬行動物親緣相近的類群裡，也確認到成功進軍水中的種類。

在同樣章節〈②就算沒落，捲土重來即可〉為各位介紹過「雙齒獸」（*Diictodon*），牠跟水龍獸親緣非常相近。這種單孔類是小型動物，體積不到水龍獸一半，外表長得很像水龍獸但比較瘦小。另外我們也發現雙齒獸會在地底築巢，具有兩兩成對的社會性。

水龍獸同樣是陸地植食動物，但體積比傾龍類稍微小一點，缺乏重量感。擁有長長的犬齒，卻沒有麗齒獸類的犬齒那麼長而銳利。不能在空中飛，應該也無法在水中自在悠游，也沒有發現雙齒獸那種社會性。換言之，比起那些動物，水龍獸非常平凡。

然而，當二疊紀末期發生史上最大的大滅絕「二疊紀—三疊紀大滅絕」時，那些「饒富個性的動物們」幾乎都消失了。反而是乍看之下什麼優點也沒有的水龍獸，卻在二疊紀—三疊紀大滅絕後存活下來。

牠們可不只是單純地存活下來。觀察在二疊紀—三疊紀大滅絕前形成的地層，只能在南非及中國發現水龍獸化石。然而，等到二疊紀—三疊紀大滅絕發生後，除了南非及中國，在印度、南極大陸、俄羅斯都找到水龍獸的化石，勢力明顯擴張了。

看起來沒什麼個性的水龍獸不僅活了下來，還比以前更繁榮。原因還不清楚，雖然尚未找到任何證據，但水龍獸或許有什麼我們沒注意到的「強烈特徵」。

順帶一提，古今中外的古生物學者都不認為「像有喙但很醜的小豬」的水龍獸很

會游泳，但如果以現在的地理概念來思考南非、中國、印度、南極大陸、俄羅斯的相對位置，在不止一個大陸都發現化石，也意味著這些大陸在水龍獸還活著的時候是連在一起的。正因為陸地相連，水龍獸（恐怕也花了好幾個世代的歲月）才能分布到世界各地。

以上相連的大陸稱為「盤古超級大陸」。時至今日，連日本的小學教科書都寫著大陸會不停地移動、分開又聚合。然而當二十世紀初期開始提倡這個假說時，誰也不相信大陸會移動。這時，提倡該假說的德國氣象學家阿爾弗雷德．韋格納提出的證據之一就是水龍獸的分布。從這個角度來看，也可以發現水龍獸的知名度比剛才提到的古生物更高，也更重要。

沒個性還是能遍及世界各地

在恐龍的世界裡，也有所謂「沒個性的成功者」。

那就是名為「鴨嘴龍科」的植食恐龍。在恐龍的分類裡，屬於鳥臀目中的鳥腳類。我做好準備接受批評的心大膽地說一句，包括鴨嘴龍科在內的鳥腳類，都是非常平凡的恐龍，沒有顯著的特徵。

鳥腳類及再上一層的鳥臀目的名字裡雖然都有「鳥」這個字，但是跟鳥類沒有任何關係。鳥臀目皆由植食恐龍構成，既然是植食性，自然沒什麼「怵目驚心」的壓迫感或「武裝」，不像暴龍以巨大牙齒呈現出壓倒性的存在感，也沒有迅掠龍那種尖銳的鉤爪。

鳥臀目底下還是有一些個性十足的恐龍，例如「**三角龍**」（*Triceratops*）長著三隻角及大頭盾；「**厚頭龍**」（*Pachycephalosaurus*）素有「石頭恐龍」之稱，頭部膨脹成圓頂狀；「**劍龍**」（*Stegosaurus*）背後長滿骨板，尾巴前端有利刺；「**甲龍**」（*Ankylosaurus*）的背後有一排宛如盔甲般的骨片。

只不過，以上這些都不是鳥腳類。

鳥腳類固然有體積達十公尺的種類，卻沒有明顯的角、頭盾、「石頭」、骨板、刺、「盔甲」等等。雖然有好幾種鳥腳類的動物身上都有冠，但也只能確認到這種程度。基本上為四足步行，但也有可以用兩條腿走路的恐龍。

鴨嘴龍科是鳥腳類的「主流」類群。與其他鳥腳類一樣，都是平凡無奇的恐龍，

在中生代白堊紀後期（約一億年前～六千六百萬年前）很繁榮，尤其在北美與亞洲發現了大量化石。

以日本為例，包括在舊南樺太（現在的庫頁島）發現的日本第一隻恐龍「**日本龍**」（*Nipponosaurus*）在內，以及俗稱鵡川龍的「**神威龍**」（*Kamuysaurus*）也屬於這個類群。如果要在恐龍中列舉「沒個性的成功者」，大概再也沒有比鴨嘴龍科更適合的了。

話說回來，不同於水龍獸，鴨嘴龍科之所以繁榮的原因已經闡明了一部分，那就是鴨嘴龍科是「性能非常好」的植食性動物。

一是鴨嘴龍的「齒列」構造十分發達。鴨嘴龍的下顎內側有超過一千顆「預備的牙齒」，數以千計的牙齒上下左右排列得整整齊齊。當上顎的最下排、下顎的最上排牙齒隨著食用植物的行為逐漸磨損，就會立刻換上新的牙齒。

此外，已知至少有一部分鴨嘴龍科的牙齒長得很特別，牠們的牙齒會在使用過程中變得愈來愈凹凸不平。換句話說，牙齒愈使用，表面愈凹凸不平，也就愈容易咬碎食物。也有學者認為這種牙齒的性能超越了現存哺乳類的牛。

鴨嘴龍科的外表看上去平平無奇，卻憑藉著發達的口內構造，擴大繁榮的版圖。個性十足的人物的確很引人注目，但擁有鮮明的個性也不見得就能成功，即使「平平無奇」也能成為贏家。

什麼是超級大陸？

地球上的各大陸都在板塊運動中重複著聚散離合的命運，因此回顧地球史，經常可以看到「〇〇超級大陸」這個單字。

最有名的超級大陸，莫過於存在於古生代二疊紀（約兩億九千九百萬年前～兩億五千兩百萬年前）到中生代三疊紀（約兩億五千兩百萬年前～兩億一百萬年前）的「盤古超級大陸」。當時地球上的大陸都連在一起，大部分的動物都在上頭來來去去。以日本為例，就連小學的國語教科書上都出現了這個單字，可見知名度極高。

那麼，超級大陸究竟是什麼樣的大陸呢？

光是想像盤古超級大陸，或許就能聯想到「所謂超級大陸，指的是地球上所有的大陸都連在一起」。然而事實上，即使不到「地球上所有的大陸都連在一起」也能稱為超級大陸。所謂的超級大陸是指「連在一起的大陸與大陸」。因此即使不是所有大陸相連，也可以是超級大陸。

從這個角度來看，現在的地球上，歐亞大陸與非洲大陸連在一起，所以也是超級大陸；同樣的道理，北美大陸與南美大陸也連在一起，所以加起來也可以合稱超級大陸。

過去在地球的歷史上，除了主要由現在南半球大陸集合而成的「岡瓦納超級大陸」及由北半球的大陸集合而成的「勞亞大陸」以外，還曾經有過「羅迪尼亞超大陸」、「妮娜大陸」、「哥倫比亞超大陸」等各式各樣的超級大陸

強者不是一天造成的

快速認識古生物

冠龍

- 出現在侏羅紀中期至後期之間
- 頭部有薄薄的冠
- 在巨大恐龍的「腳印裡」發現化石

原角鼻龍

- 最早的暴龍屬
- 出現在約一億六千七百萬年前（侏羅紀中期）的英國
- 小型（體重一百公斤左右）

血王龍

- 具有暴龍的特徵
- 可是比較小（全長五公尺左右）
- 從距今約八千萬年前的地層中發現化石

解讀關鍵字

1 暴龍屬究竟如何成為霸主
2 在什麼地方找到冠龍的化石
3 變成化石的人類「露西」

人類
正在重訓減肥

學生時代，看到班上同學口若懸河地回答自己答不上來的問題時，會很焦慮彼此學業上的差距；出了社會，看到公司裡的前輩，又臣服於對方強大的能力。

但願有過這種經驗的人不是只有我一人。

問題是，沒有人一出生就是成績優秀的天才，一進公司就能輕鬆搞定所有工作的超級上班族也幾乎不存在。大部分的情況是，眾人口中的「天才」都曾有一段期間不惜犧牲玩耍的時光，努力學習；「能幹的前輩」應該也有過搞不清楚狀況的菜鳥時代吧。

羅馬不是一天造成的，千里之行始於足下。生命的歷史也證明了「厚積薄發」的重要性。

霸主的蟄伏期

回顧生命的歷史，許多生態系都出現過形形色色的霸主。牠們絕大部分都不是突然冒出來，而是經過漫長的演化，才慢慢爬到生態系的金字塔頂端。

差只差在成為生態系霸主所花的時間依物種而異，有的物種一下子就「順勢」

衝上金字塔頂端，也有些物種經歷了漫長的「蟄伏期」，才得以稱王。

無數的古生物中，具有壓倒性存在感與知名度的「**暴龍**」（*Tyrannosaurus*）便是後者。

暴龍的學名為「*Tyrannosaurus rex*」，全長十二～十三公尺，是龐大的大型種。以肉食動物來說，這種體積儘管不是最大，也是最大等級。堅固的下顎裡長滿超級粗的牙齒，可以連骨帶肉咬碎獵物。暴龍在約七千萬年前出現在白堊紀最末期的北美西部，成為君臨整個陸上生態系的恐龍。身為掠食者，暴龍在古往今來的陸上肉食動物中也算是佼佼者，因此暴龍（及親緣相近的種類）也被稱為「超肉食恐龍」。

假如能穿越時空，回到暴龍還活著的世界，除非百分之百確保安全無虞，否則我絕不想遇上暴龍，暴龍就是這麼可怕的生物。

不過即使是這麼強的暴龍，也經歷過相當漫長的「蟄伏期」。

暴龍及親緣相近的種類統稱為「暴龍類群」。目前已知最早的暴龍類出現在約一億六千七百萬年前（侏羅紀中期）的英國，名叫「**原角鼻龍**」（*Proceratosaurus*）。

原角鼻龍是小型肉食恐龍，全長三～四公尺，體重一百公斤左右。聽到「三～四公尺」，可能會覺得「什麼？這樣還算小型？」和人類的身高比起來，這個數字確實很大，可是別忘了，這個值是「從鼻尖到尾巴尖端的長度」。單看腰的高度，還不到全長的四分之一，也就是不到一公尺。同樣單看腰的高度，暴龍高達三公尺以上，大小的差異一目瞭然。

原角鼻龍出現於大約一億六千七百萬年前，比暴龍還早將近一億年。若要說自己是老大哥……可能久遠到有點太厚臉皮。

從侏羅紀中期到後期，出現過好幾種暴龍類。在中國西北部的新疆維吾爾自治區找到的化石「冠龍」（*Guanlong*）可以說是最具代表性的種類。全長三．五公尺，體重一百二十五公斤左右，體積與最早的暴龍——原角鼻龍差不多。頭部有薄薄的冠是其外觀上的特徵。

發現冠龍化石的地方也很耐人尋味，居然是在巨大恐龍的腳印裡發現的。

一般認為留下腳印的巨大恐龍是「**馬門溪龍**」（*Mamenchisaurus*）。馬門溪龍是植食恐龍，以有如柱子般粗壯的四條腿走路，有長長的脖子和長長的尾巴，是號稱「史上最大」的恐龍之一，全長三十五公尺，體重達七十五公噸。

像這樣的龐然大物走在路上，肯定會在某些地方留下巨大的腳印，那些腳印有時長度、深度可達一公尺左右，甚至更大。

當時柔軟的泥沙堆積在腳印裡，形成了無底沼澤。可能是冠龍走路不看路，陷入腳印裡；或者是以為水很淺，一腳踩進去……關於這部分還不清楚，但總之應該是不小心陷入巨大的腳印裡無法自拔，不斷下沉，最後嗚呼哀哉，變成化石。

在那之後，暴龍類也出現了八公尺級的種類，然而並未成為生態系的霸主，反而進入漫長的蟄伏期間。過程中出現了小於原角鼻龍及冠龍、全長一公尺左右的種類，以及一．三公尺左右的種類。當全長只剩下一公尺或一．三公尺時，體重大概也只有四～六公斤左右，跟活在現代日本的小型犬差不多。換句話說，當時也有體積可以飼養在一般家庭裡的暴龍類。

暴龍之所以爬上霸主的階梯，如今已不得而知，只知大概是從白堊紀前期到後期初始間（約一億四千五百萬年前～八千萬年前）的時期。目前尚未發現太多化石，所以還沒有足以討論的證據。

但我們至少可以知道直至約九千萬年前，君臨北美洲的大型肉食恐龍並非暴龍類。此外，從約八千萬年前的地層中找到化石的「**血王龍**」（*Lythronax*）雖然具備了類似暴龍的特徵，但全長只有五公尺左右。不過血王龍出現之後沒多久，大型的暴龍類就開始在北美洲出現。

倘若將血王龍的登場視為「爬上生態系頂端的契機」，那麼這個契機距離最古老的暴龍屬出現在地球上，已經過了八千萬年以上的歲月。暴龍類在這段期間發展出頭部又寬又大的特徵。

經過漫長的「蟄伏期」，再加上某種契機，終於演化成讓後來的我們看得瞠目結舌的「高規格肉食恐龍」。這個類群花了八千萬年（以上）的演化歲月，相當於恐龍類從出現在地球上到幾乎所有種類全軍覆沒期間大約一半的時光。

智者千慮，必有一失

某隻屬於原始暴龍類的冠龍不小心死掉，留下化石，直到現在。

即使是後來變成「最強恐龍」的類群，其祖先也曾經是「可愛的小迷糊」（但實際上搞死了自己，用「可愛的小迷糊」來形容或許不太貼切）。

話說回來，就不小心搞死自己的層面來看，人類其實也有相同的例子。

有個變成化石的人類「露西」。「露西」並不是指特定的種，而是滅絕的人類「**阿法南猿**」（*Australopithecus afarensis*）某件化石的暱稱。會叫「露西」據說是因為挖掘到化石時，廣播剛好播放著披頭四的名曲〈露西在綴滿鑽石的天空〉（Lucy in the Sky with Diamonds）。「露西」出現在約三百二十萬年前的衣索比亞。

在了解人類初期的演化史上，露西是相當重要的化石。據研判，人類的歷史「約七百萬年」。有找到幾個比阿法南猿更古老的人類化石，但其中大多只有局部，足以推測出全身像的部位更是寥寥無幾。露西便是上述「寥寥無幾的化石」之一，她讓後世的人知道，當時的人類是什麼樣貌。

分析露西化石後，我們可以知道阿法南猿是抬頭挺胸地用兩條腿走路，腳有腳掌，腳趾朝同一個方向。腰很寬，頭的內部有大腦，還有大顆的牙齒、堅硬的下顎、大幅度往外突出的顴骨等特徵。附帶一提，露西身高一公尺左右，體重三十公斤，看在現代的日本人眼中，身高與幼稚園小孩無異，體重則跟小學中年級差不多。放眼整個阿法南猿的類群，都是個子比較小的種類。這類群裡也有身高一．五公尺、體重超過四十公斤，相當於小六生～國一生的身材。

美國德州大學的約翰．卡伯曼等人分析露西的死因，於二〇一六年發表了研究報告。根據卡伯曼等人的研究，露西的死因是「摔死」。據說是爬到樹上，不曉得為什麼踩空了，垂直落下而死。顯然是爬到非常高的地方，以致撞上地面的重力加速度高達時速六十公里。卡伯曼認為墜落時的撞擊導致全身骨折，傷及內臟，當場死亡。

也有人對研究結果持反對意見，但如果這個研究結果是對的，那麼露西也是不小心死掉，站在人類的立場，實在沒資格笑冠龍。

還有，早期的人類原本生活在樹上，但是因為露西（阿法南猿）所有的腳趾都往前生長，可見這種類群不適合在樹上生活。如果要抓住樹枝，保持姿勢穩定，腳趾的方向最好跟手指一樣，大拇指至少要獨立。換句話說，露西明明不擅長爬樹，還是爬到高處，理由至今不得而知，大概是因為樹上有美味的果實吧。

倘若人類是目前地球上的霸主，那麼人類也花了極為漫長的時間，才建立起如今的地位。

人類在約七百萬年前出現於非洲的某個地區，後來有一段時間在非洲的某個地區繁衍子孫。露西出現在約三百二十萬年前時，人類的生活圈尚未脫離非洲。

直到「**直立人**」（*Homo erectus*）出現在大約一百九十萬年前，人類才開始走出非洲，正式展開活動。後來也出現過許多人類，並走向滅絕。

我們「**智人**」（*Homo sapiens*）最晚也在距今約三十一萬五千年前就出現在非洲，直到約十八萬年前才離開非洲，擴散到世界各地。先從非洲到中東，再從中東到歐亞各地，橫渡白令海峽，進入北美洲，然後把生活圈拓展到南美洲，約一萬三千年前抵達南美洲。

人類從出現到現存人類——智人出現在地球上，中間經過了六百五十萬年以上的歲月，智人又花了十五萬年以上的時間，將活動範圍從非洲拓展到南美洲。我們也經歷了漫長的「蟄伏期」，才得到今天的地位。

成為先鋒！

——反敗為勝一點也不輕鬆

快速認識古生物

笠頭螈

■二疊紀的兩棲類 ■全長一公尺

■頭部的形狀很像迴力鏢

笠頭螈

兩隻動物跟一個人正在玩沙灘奪旗。笠頭螈看不太出表情，但其實樂在其中

巨脈蜻蜓

- 石炭紀最具代表性的有翅昆蟲
- 翅膀展開可達七十公分的巨大蜻蜓
- 十隻綠胸晏蜓的寬度

解讀關鍵字

1. 為什麼有翅昆蟲會在石炭紀的森林裡繁榮
2. 成為先鋒的優勢
3. 「地球的氧氣濃度」與「成長」的關聯

有些「未開拓市場」還沒有人進占過。只要能比別人先注意到這個市場的價值，就能將優勢據為己有。當然，要注意到未開發領域本身並不容易，進軍新世界也需要勇氣。

回顧生命的歷史，有很多古生物充分發揮先鋒的優勢，才能比其他類群繁榮。

沒有競爭對手的世界

距今約三億五千九百萬年前到兩億九千九百萬年前的這六千萬年間，稱作「古生代石炭紀」。地球史設定了十個以上名為「○○紀」的地質時代，但只有這個時代是以資源為名。

石炭紀為何叫「石炭紀」，無非是因為這個地質時代對人類非常重要。上述的「重要」並不是以生命的歷史而言，而是更現實的觀點。

說穿了，地質學其實是以資源勘查為目的發展而來的學問。十八世紀中期，英國展開工業革命，主要作為蒸氣機燃料的石炭（＝煤）需求大增。為了尋找煤，地質學開始發展起來，尤其是歐美，因此人們開始將形成、埋藏大量煤的地層時代稱為「石

炭紀」。也因為這樣的來龍去脈，在一眾「〇〇紀」的時代中，石炭紀是最早有名字的時代。

至於石炭紀的地層為何含有大量的煤，則是因為當時的地球有大片的森林。各地都出現了沖積平原，創造出濕度比較高的環境，裡頭有高達幾十公尺的羊齒巨樹枝繁葉茂。這時的大樹後來埋在地底，就變成石炭（＝煤）。

昆蟲類則是在石炭紀的大森林裡崛起的動物。

昆蟲出現在比石炭紀更早的時代，但種類還不多。然而到了石炭紀，昆蟲增加了十個以上的新類群。這些類群與今日的昆蟲類不完全一樣（好比當時還沒有獨角仙等甲蟲類），但他們仍成功地在這個時代建立起榮景，並延續到今天。

「有翅昆蟲」是增加最多的昆蟲類。顧名思義，這並不是某個特定的類群，而是泛指有翅膀的昆蟲。

展翅寬（張開翅膀時的左右寬度）達七十公分的巨大蜻蜓「**巨脈蜻蜓**」（*Meganeura*）是足以代表石炭紀的有翅昆蟲。現在的綠胸晏蜓展翅寬只有七公分左右，所以巨脈蜻蜓的寬度相當於十隻綠胸晏蜓，提供給大家做參考。

巨脈蜻蜓的分類與現存的蜻蜓類不同，不過外觀與現存的蜻蜓類大同小異。若說有什麼不同，頂多只差在巨脈蜻蜓的腹部後端有個特殊的構造。

不只巨脈蜻蜓，石炭紀的大森林裡棲息著大量有翅昆蟲，即使不到巨脈蜻蜓那麼大，也還有好幾種展翅寬達幾十公分的種類。

至於有翅昆蟲為什麼有這麼多種類？為什麼會衍生出大型種？那是因為「空中」領域完全屬於牠們。石炭紀這個時代距離脊椎動物成功上陸，其實還沒有經過多久（請參照章節〈㉗凡事都要懂得應用〉），所以尚未出現能在天上飛的脊椎動物。

脊椎動物與其說是有翅昆蟲的競爭對手，更像是天敵一般的存在。有翅昆蟲比天敵搶先一步獲得「制空權」，充分發揮身為先鋒的優勢，增加數量，成功地大型化。

起步晚的強者

事實上，也有人認為有翅昆蟲之所以能在石炭紀崛起，不只是因為空中沒有天敵。

根據二〇一二年由美國加州大學的馬修・E・克拉弗與傑瑞・卡爾發表的研究

報告指出，有翅昆蟲在石炭紀的繁榮時期，跟地球的氧氣濃度比現在高的時期不謀而合。

對大部分的動物而言，氧氣跟促進代謝有關，而促進代謝又與成長有關。另外，氧氣濃度愈高也意味著大氣中的氧氣分子愈多；氧氣分子愈多就意味著大氣的「黏性」增加，更容易飛行。

換句話說，氧氣濃度高的大氣有助於有翅昆蟲的繁榮，特別是與大型化有關也說不定。正因為同時具備了地球環境的變化這種「外在時機」與「先鋒的優勢」，昆蟲才得以崛起。

實際上，回顧地球大氣的歷史，氧氣濃度夠高的時代可不止石炭紀，像是以恐龍的崛起而為人熟知的侏羅紀末期（約一億五千萬年前）的氧氣濃度也很高。不過這時尚未出現大型的有翅昆蟲。

大約一億五千萬年前，鳥類已經出現了。鳥類雖然是比有翅昆蟲或翼龍類更晚出現的飛行性動物，但憑藉著動作靈活的身體與翅膀，逐漸擴張其「勢力」。克拉弗與卡爾認為這樣的結果可能阻斷了有翅昆蟲繼續大型化的進程。當世界上出現強大的天敵，「身為先鋒的優勢」就會受到壓制。

雖然通往大型化之路受到阻礙，對昆蟲類這個類群並未造成太大的傷害。從這個角度來說，在石炭紀建立的「先鋒優勢」可說是一路持續到侏羅紀。

「先鋒」的可能性

走在前面的人可以得到一定的好處，這現象可不只出現在昆蟲類。

距今約三億七千萬年前的古生代泥盆紀末期，脊椎動物正式開始進軍陸地（請參考後續章節〈㉗凡事都要懂得應用〉）。這時「進軍陸地的主力」是兩棲類。不過雖說是「兩棲類」，倒也不是現在可以在地球上看到的類群，而是已經滅絕的類群。牠們也充分地發揮身為先鋒的優勢，在各地崛起，呈現出多樣化的種類。

提到兩棲類多樣化的象徵，我首推「**笠頭螈**」（*Diplocaulus*）。這種動物全長一公尺左右，特色在於迴力鏢似的頭部。臉頰往左右兩邊用力張開，從正上方往下看，頭部讓人聯想到底邊比較長的等腰三角形，但是底邊的中央往前方凹陷進去。雖然有顆左右兩邊很寬的大頭，但是嘴巴很小，靠近前端，眼睛也長在嘴的附近，看起來很可

愛。附帶一提，已知笠頭螈的頭部是隨著成長往左右延伸，小時候並不是迴力鏢形，而是飯糰的形狀……接近正三角形，而且頭部也沒有厚度。

笠頭螈除了非常有特色的頭部以外，其他部分也很有特色。身體往左右生長，雖然不至於像頭部那麼薄，也沒什麼厚度，讓人不禁想起品質欠佳的抱枕。從身體延伸出來的四肢又短又細。

基於這樣的體型，一般認為笠頭螈一輩子都在水中度過，而且似乎比較適合在流速比較快的地方生活。

除了笠頭螈之外，還有四肢消失、與蛇無異的兩棲類，以及體型矮胖、站在生態系頂端的兩棲類。

在兩棲類出現繁多類群的同時，地球上也出現了其他脊椎動物的類群，但是直到發生在約兩億五千兩百萬年前的古生代二疊紀末期的大滅絕前，其他動物都無法奪取兩棲類身為先鋒的優勢。

地球上沒有絕對屹立不搖的支配者。從恐龍類在大滅絕前稱霸世界，到哺乳類在大滅絕後大放異彩，很容易就可以看出這個道理（這裡的大滅絕是指白堊紀－第三紀大滅絕，發生在約六千六百萬年前的中生代白堊紀末期，可參照前面章節〈⑧滅絕還是存活，終究要靠運氣〉）。

直到發生白堊紀－第三紀大滅絕前，陸上有恐龍類，空中有翼龍類，海裡有蛇頸龍類等，琳琅滿目的海棲爬行動物各自生生不息。然而隨著白堊紀－第三紀大滅絕，牠們幾乎都面臨滅絕的命運。

哺乳類當時也受到很大的打擊。倖存下來的哺乳類，尤其是名為真獸類的類群搶先一步進入各生態系，速度比其他倖存下來的動物都要快上許多。結果真獸類群利用這段期間成功地多樣化、大型化，順利將版圖擴大到空中及海裡，奠定了今天在生態系中的基礎。

各生態區位都因為白堊紀－第三紀大滅絕而空了下來，這時哺乳類便成功地取得

「先鋒優勢」。

誰也不知道能發揮「先鋒優勢」的機會何時會降臨，但可千萬別錯過，哺乳類就沒有放過這個機會。

該守還是攻

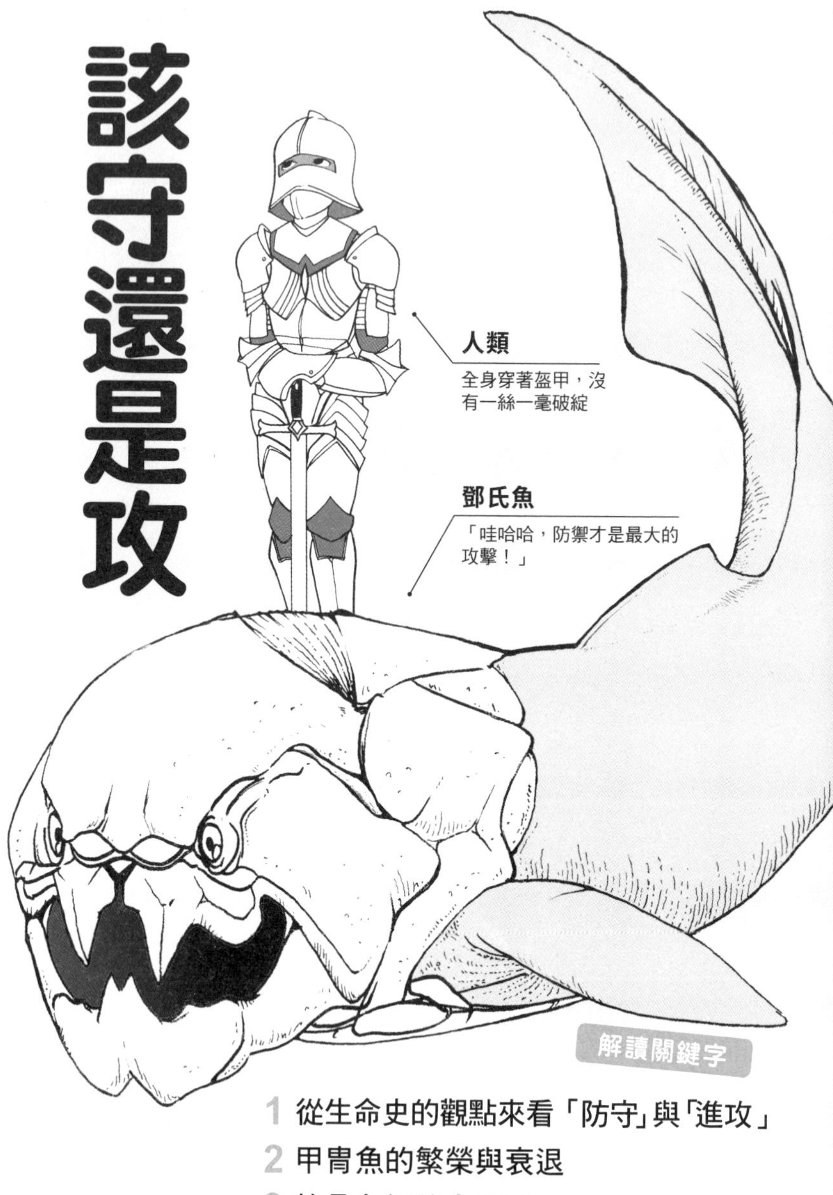

解讀關鍵字

1 從生命史的觀點來看「防守」與「進攻」
2 甲冑魚的繁榮與衰退
3 軟骨魚綱的大躍進

——誰能活下來？

快速認識古生物

裂口鯊

- 外觀與鯊魚神似
- 是可以游得很快的種類
- 至今尚未找到雄魚的生殖器官

鄧氏魚

- 泥盆紀後期的甲冑魚
- 全長八～十公尺的大型種
- 咬合力比大白鯊還強

當取得一定的成功，人就難免變得保守。

以爭取分數的遊戲為例，比數一旦拉開，領先的那邊就不會再一味地搶分，而是改採加強守備、避免失分的戰術或策略。

人生也是這樣，一旦爬到還不錯的職位、拿到還算優渥的薪水，或者再過幾年就要退休了，有人就會放棄挑戰拓展職能的新企畫，淨做一些穩定、安全的工作。

當然，像這樣「變得保守」並不是一件壞事。只不過，如果從生命史的觀點來看會有什麼發現呢？世上有「變得保守的古生物」嗎？如果有，牠們的下場又是如何呢？這次就要跟各位聊聊這方面的話題。

藉由防守得到繁榮

回溯魚類的歷史，最古老的「魚類」出現在距今約五億兩千萬年前。那種魚全長只有幾公分，既沒有用來保護身體的鱗片，也沒有用來咬碎獵物的下顎，鰭也尚未成熟。換句話說，防禦性能、攻擊性能及移動能力都不強。

沒多久，魚類多了許多有鱗片、有下顎、鰭也很發達的種類。

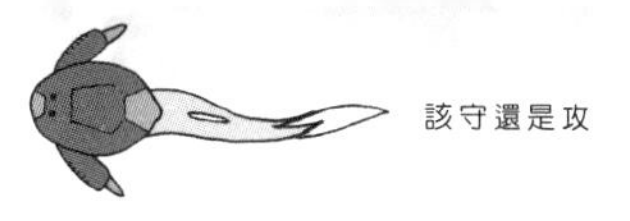

在這樣的演化過程中，出現了前半身被骨板包覆的魚。骨板說穿了就是由骨頭構成的盔甲。因此這種魚俗稱「甲冑魚」。這並不是學術上的分類名稱，只是「身上穿著盔甲的魚」的俗稱。

在魚的同類中，「甲冑魚」一登場便「引領風潮」超過一億年的歲月，出現了各式各樣的甲冑魚，這些魚大部分都很「重視防守」。

有兩種足以代表甲冑魚的魚。一種是以「**溝鱗魚**」（*Bothriolepis*）為名的類群，出現在約三億九千三百萬年前的泥盆紀中期。溝鱗魚是屬名，有超過一百個種，例如「加拿大溝鱗魚」（*Bothriolepis canadensis*）、「巨溝鱗魚」（*Bothriolepis maxima*）等等。包含南極大陸在內，所有的大陸都有發現其化石，在泥盆紀中期的海洋甚是繁榮。

每種溝鱗魚都有或多或少的差異，但大部分的頭部都是橫幅較寬、前後較短，軀幹的形狀也大同小異，就像面紙盒被壓扁一樣；而且頭部、軀幹、胸鰭都包覆在硬邦邦的骨板盔甲下。本頁左上角的書眉正是溝鱗魚。

因為就連胸鰭也硬邦邦的，學者對這種魚怎麼動的各有不同的看法。有人認為溝鱗魚把鰭當成方向盤使用，也有人認為溝鱗魚是用胸鰭在陸地上走。

只有一點可以確定，那就是牠們徹底地將防守進行到底，成功留下子孫，大大繁榮了一番。

防守到成為王者

到了約三億八千兩百萬年前，泥盆紀也進入了後期。這時，某種甲冑魚站上了生態系的頂點，牠就是「**鄧氏魚**」（*Dunkleosteus*），全長可能有八至十公尺的大型種，體積比現在的海中霸王大白鯊還大，是古生代最大的魚類。

鄧氏魚呈現出了「甲冑魚應該有的樣子」。意義雖然不太一樣，但牠跟溝鱗魚一樣，都是代表性的甲冑魚。覆蓋著骨板的頭胸部又大又方，稜角分明；嘴巴有類似牙齒的尖銳突起（但不是牙齒，鄧氏魚沒有牙）。身體彷彿穿上了西洋盔甲，長度可以超過一公尺，可說是百聞不如一見。東京上野的國立科學博物館和福岡縣的北九州市立自然史、歷史博物館都能看到這種魚的頭胸部還原骨骼。

我們已經知道鄧氏魚的「盔甲」不只是為了保護身體。鄧氏魚的下顎也是盔甲的

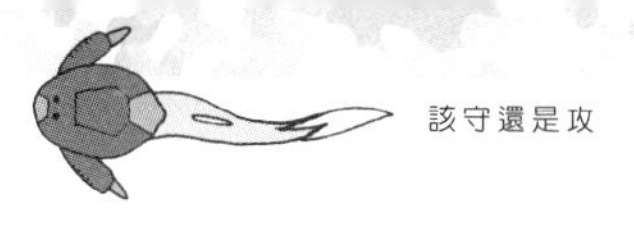

一部分，而根據一份研究鄧氏魚下顎「咬合力」報告，嘴巴前端的咬合力竟高達四千四百牛頓以上，嘴裡更能使出超過五千三百牛頓的力道。

以下提供參考，根據另一項研究指出，現存的大白鯊咀嚼獵物時的臼齒力量為三千一百三十牛頓。研究手法不同，所以無法單純比較，但鄧氏魚的下顎顯然具有遠遠超過大白鯊的破壞力。

在泥盆紀的海洋世界裡，鄧氏魚被視為最強的存在。牠巨大的軀體與盔甲帶來防禦性能，再加上由部分盔甲製造的破壞力，簡直是一臺重型機車。

不，重型戰車。

鄧氏魚正是實至名歸的重量級獵人。在防守的同時，也能發揮最大的攻擊力。

速度是一切？

溝鱗魚採取徹底的防禦，在世界各地的海域生生不息。牠不僅善於防守，還具備破壞力，也就站上了生態系的頂端。

光看這兩種魚，不難發現牠們的成功都來自於「變得保守」。然而，棲息在泥盆紀海裡的魚類不全都是甲冑魚。

除了甲冑魚以外，「**裂口鯊**」（*Cladoselache*）也是足以代表泥盆紀海洋的魚。裂口鯊是一種軟骨魚類，具有流線形的身體、發達的胸鰭與背鰭，寬大的尾鰭形狀有如迴力鏢。

現在生活在大海中的鯊魚及魟魚，都屬於軟骨魚綱。裂口鯊長得有點像鯊魚，因此也有人稱牠為「最古老的鯊魚」、「最早的鯊魚」。不過裂口鯊並不屬於「鯊總目」。舉例來說，觀察現在的鯊總目，嘴巴長在吻部（鼻尖）底下（鼻子突出），裂口鯊的嘴巴則長在吻部前端。

雖然兩者有差異，但學者認為裂口鯊與鯊總目一樣具有高度的機動性。

裂口鯊的胸鰭愈靠近前面的部分，質地愈堅硬；愈靠近後面，質地愈柔軟。一般認為裂口鯊利用堅硬的前半部穩穩承受在水中快速游泳時所產生的強大阻力，再自在地擺動後半部以調整方向。

各位搭飛機的時候，如果曾坐在機翼附近，或許都看過以下的景色。飛機起飛或降落時，機翼後方會有一部分突起，上下移動，藉此進行升力的微調。據研判裂口鯊

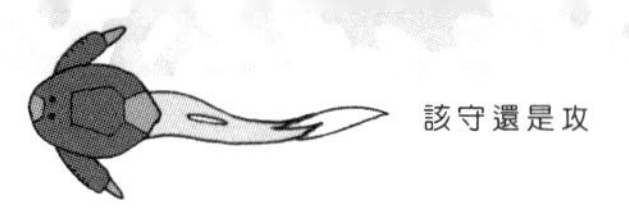

也具有同樣的機能；而且流線形的體型，本來就很適合用來減少水中的阻力。比起溝鱗魚和鄧氏魚，裂口鯊的體型本身本來就很適合高速游泳。

還有，截至目前已經發現好幾百具裂口鯊的化石，但是有一個奇妙的特徵，那就是至今尚未確認到交接器（雄性的生殖器）。

換句話說，截至目前已知的裂口鯊都是雌性也不一定。那麼，雄的裂口鯊都棲息在哪裡？長什麼樣子呢？還是交接器其實不存在？這種軟骨魚類還有很多未解之謎。

攻擊勝於防守？

當泥盆紀進入尾聲，接下來便由石炭紀揭開序幕。這時，溝鱗魚及鄧氏魚等甲冑魚的數量銳減，終至滅絕。

另一頭，裂口鯊等軟骨魚類在石炭紀迎來盛大的繁榮期。生存競爭的結果昭然若揭，「防守」的魚類只繁榮了一段時間，而生來就游得很快的「攻擊」型魚類則大獲全勝。在那之後，軟骨魚類不斷演化。到了侏羅紀前期，與現在的鯊總目一脈相承的類群（新鯊類）於焉誕生（請參照後面章節〈㉚與競爭對手共同成長！〉）。

鯊魚家族現在已成為新鯊類的「主力」，多達三百七十種以上。除了有號稱最強魚類代名詞的大白鯊以外，還有最大的魚「鯨鯊」及最快的魚之一的「尖吻鯖鯊」等，擁有多變的外型與生態。

換個角度來看，生命的歷史中出現過許多明明分屬不同類群，但外觀大同小異的物種（請參照前面章節〈⑩演化的贏家驚人地相似〉）。不只魚類家族中的軟骨魚類，魚龍類及鯨豚類（其中的海豚科）也出現過「高速游泳型」的類群。然而，其他動物卻不曾出現過像甲冑魚那種「重視防禦型」的種類。由此也可以說「保守態度」至少在水中世界並非成功的模式。

不過陸地上的世界就不是這麼回事了，龜鱉目便是最典型的例子。牠們幾乎只能防守，既沒有速度，也不具備攻擊力，卻有超過兩億年的繁榮歷史。除此之外，出現在恐龍類群中的甲龍類、哺乳類中的犰狳也是「重視防守的動物」並獲得一定的成功。不過，這些動物基本上都不是「狩獵方」。

可以確定的是，採取「防守態勢」的動物無法在海中維持長期霸權，在陸地上也跟霸權沾不上邊。由此可知，若不採取「攻勢」，可能就無法站上生態系的頂端。

27

快速認識古生物

凡事都要懂得應用

——四足動物告訴我們的事

提塔利克魚

- 從加拿大約三億七千五百萬年前的地層中發現化石
- 鰭有關節
- 被戲稱是「會做伏地挺身的魚」

棘螈

- 「最古老」的四足動物
- 有八根手指
- 在地上無法支撐本身的體重

提塔利克魚
慢吞吞地在淺灘等地移動

解讀關鍵字

四足動物誕生的歷史
脊椎動物進軍陸上世界
為什麼會生出四肢

只要能巧妙「應用」已經存在的東西，就能發揮意想不到的效果。這次就是要從這個觀點，聊聊「四足動物」。

顧名思義，四足動物是指擁有四條腿的動物。以現存的動物類群而言，有兩棲類、爬行動物、哺乳類、鳥類。

雖然我們人類是用兩條腿走路，但手臂也是從前腳演化而來的。人類經過演化，變成無法用前腳走路、把前腳當成手臂使用的動物。

而鳥類只有兩隻腳，但其翅膀也是由前腳演化而來；即使是蛇類那種沒有腳的動物，原本也有四肢，只是隨著演化消失了（請參照前面章節〈㉑勇於放下一切反而能逢凶化吉〉）。現存四個陸生脊椎動物類群都有四條腿（或是曾有過）。

仔細想想，這實在很神奇。節肢動物有像蜈蚣那種擁有幾十隻腳的類群，也有像昆蟲那種只有六隻腳的類群，還有像蜘蛛那種八隻腳的類群。而觀察屬於軟體動物的頭足綱類群，章魚與烏賊只有八隻觸手，鸚鵡螺居然有九十隻觸手。

放眼脊椎動物以外的類群，即使是親緣相近的種類，腳或觸手的數量也不盡相同。唯有陸上脊椎動物才有即使不同類群，也都屬於「四足動物」的共通點。

而所有四足動物的四肢，都來自魚鰭。

目的以外的利用方式

透過經年累月的發現與研究，我們現在對於四足動物演化的歷史，已經有了強而有力的假說，而且內容極為詳盡。

首先，四足動物應該是從魚演化而來。這種魚出現在約三億八千萬年前（古生代泥盆紀後期開頭），圓筒形的身體宛若魚雷，胸鰭裡有肱骨、橈骨、尺骨。

我們的手臂當然也有這三種骨頭。肱骨是從肩膀到手肘的骨頭，橈骨與尺骨則是從手肘到手腕的骨頭（橈骨靠近大拇指、尺骨靠近小指）。換句話說，這種魚固然是魚，胸鰭裡卻已經有構成手臂的要素了。

如今我們也發現了這種「走在時代尖端的魚」的化石。這種魚擁有像鱷魚般的扁平身體，魚鰭裡除了肱骨、橈骨、尺骨外，還有四根手指的骨頭。

除此之外，已知還有其他「走在時代尖端的魚」，儘管沒有發現這種魚的手指骨頭，魚鰭中依舊有肱骨、橈骨、尺骨，而且彼此間以關節相連。換言之，這種魚有肩膀、手肘、手腕。

這種有關節的魚叫作「**提塔利克魚**」（*Tiktaalik*），其化石是從位於加拿大約三億七千五百萬年前的地層中發現的。

雖然是魚，提塔利克魚卻有長了關節的鰭，因此被戲稱為「會做伏地挺身的魚」。這個稱號直觀地表現出牠具有肩膀、手肘、手腕的特徵。

提塔利克魚可以利用具有關節的鰭，在淺灘或退潮時露出的淤泥上慢吞吞地移動。

跟提塔利克魚同個時代，或是稍微晚一點的泥盆紀最末期（約三億七千兩百萬年前～三億五千九百萬年前）出現了約全長六十公分的動物「**棘螈**」（*Acanthostega*）。

棘螈正是目前所知最古老的四足動物，已確認有兩隻前腳、兩隻後腳和八根手指。

一般認為，脊椎動物的四肢是由魚鰭演化而來，因為有了四肢得以「步行」，才能開始進軍陸地上的世界。

單看原因與結果，這樣說當然沒錯。只不過，身為「最古老的四足動物」，棘螈的四肢並非「我們所認知的四肢」。棘螈的關節很細，在沒有浮力的地上甚至無法支撐本身的重量。

棘螈棲息的場所應是水深比較淺的河川；河川周圍有茂密的森林，落葉堆積在河底。棘螈的四肢在上述「混雜的水中空間」發揮排除落葉、將身體固定在小石頭上的作用。

換句話說，棘螈的四肢原本並不是用來走路的工具，只是為了協助棘螈在水中移動。在移動的需求上，尾鰭比四肢更有用也說不定。

四肢雖然是因其他原因而出現，仍走在演化的尖端，之後得到牢靠的質地，關節也變得堅固，最後終於可以在沒有浮力的地上支撐本身的重量。

發生在祖先身上「了不起的應用」，決定了四足動物後來的繁榮程度。

所以凡事都要懂得應用哪。

從「不講究」脫胎換骨

快速認識古生物

鐮刀龍

- 長爪、肚子很大
- 全長十公尺、體重五公噸
- 從位於蒙古的白堊紀後期地層發現化石

鑄鐮龍

- 出現在白堊紀前期的美洲
- 最古老的鐮刀龍類
- 牙齒是植食構造

曙奔龍

- 最古老的獸腳類
- 有形狀銳利如刀的肉食用牙齒
- 從位於阿根廷的三疊紀後期地層發現化石

解讀關鍵字

1 鐮刀龍科
2 是要吃肉過日子，還是吃素過日子？
3 鐮刀龍為何會長得那麼胖呢？

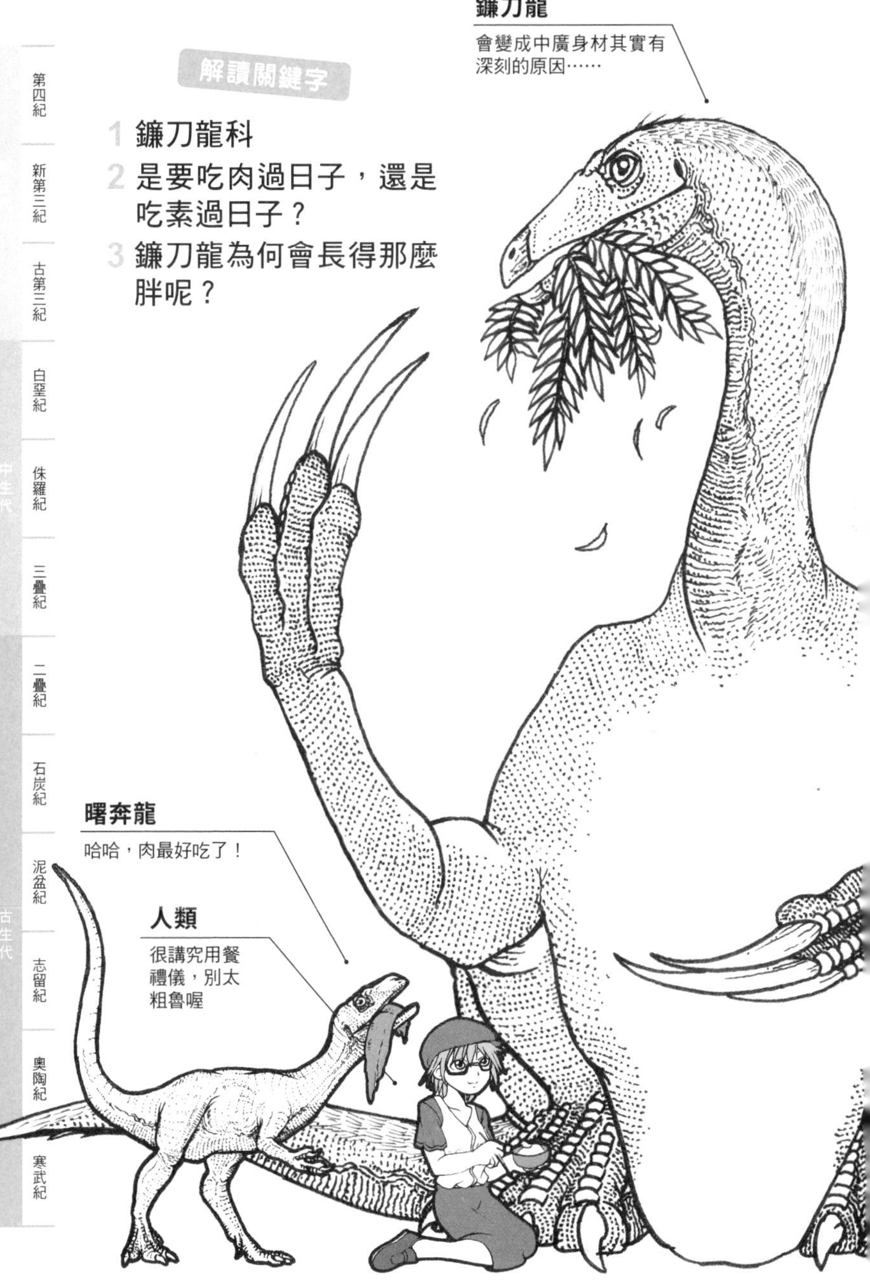

有人對一件事很長情、很執著，也有人正因為捨棄了那份執著，才進入新的境界。上述的情況不只發生在人類身上，恐龍也適用。

這種恐龍在開拓新境界的尾聲才出現，牠胖墩墩的，爪子很長，名叫「**鐮刀龍**」（*Therizinosaurus*）。頭部小巧，脖子細長，用兩條腿走路；全長十公尺，體重少說也有五公噸。

鐮刀龍最大的特徵在於長手前端的長爪。光是化石中找到的骨質部分，爪子的長度就有七十公分。根據研究報告指出，鐮刀龍還活著的時候，爪子前端應該還有角質部分（延長部分），可見爪子相當長。牠的化石是從位於蒙古的白堊紀後期（約七千兩百萬年前）的地層中被發現。群馬縣的神流町恐龍中心裡展示著複製的爪子部分，各位有機會的話不妨去瞧瞧。

再來說到牠肥滋滋的中廣身材。這種說法當然不正確，鐮刀龍並不是那種內臟肥胖、高血壓、脂肪異常、高血糖等文明病的「肥胖」，只是用這句話可以直截了當地形容牠巨大的軀體，這也是鐮刀龍的重要特徵。

接下來將為各位介紹這種胖胖、很討喜的恐龍與牠的同類。

鐮刀龍屬於「鐮刀龍科」，而鐮刀龍科是構成「獸腳類」的類群之一。所有的肉食恐龍都分類在獸腳類底下。

目前已知最古老的獸腳類，化石是在阿根廷約兩億兩千八百萬年前（三疊紀後期）的地層中發現的。這種獸腳類的名字叫作「**曙奔龍**」（*Eodromaeus*），全長一・八公尺左右，體重只有五公斤左右，是很苗條的兩腳步行小型恐龍，嘴裡有銳利如刀的肉食用牙齒。

除此之外人們也找到好幾隻最古老的恐龍，那些恐龍都呈現相同大小、相同的樣子。另外，曙奔龍的「曙」（Eo）是拉丁文「黎明」的意思，許多類群最早期的種類（或者認為是最早期的種類）皆以這個字命名。離題一下，知名的始祖鳥學名為「*Archaeopteryx*」，開頭的「Archaeo」跟「Eo」差不多，意味著「太古的」、「初始的」。只要記住幾個學名的意思，光看名字就能猜到那種動物在學者眼中是什麼樣子及其「定位」，很方便喔。

言歸正傳。

所有獸腳類都是從曙奔龍那種小型輕量的肉食恐龍演化而來，據說牠們都是動作輕盈地進行狩獵，與現代的小型犬無異。

最早的鐮刀龍類出現在約一億兩千五百萬年前（白堊紀前期）的美洲。這種鐮刀龍類的名字叫作「**鑄鐮龍**」（*Falcarius*），全長四公尺，體重約一百公斤。

鑄鐮龍是用兩條腿走路的恐龍，具有小頭、長手、細細長長的脖子等鐮刀龍科都會有的特徵。然而不同於鐮刀龍，鑄鐮龍的爪子不長，也不是「中廣身材」。以人類的標準來說，一百公斤的體重算是非常重了，不過鑄鐮龍全身長達四公尺，所以對比之下還算苗條，說是輕量級也不為過。

鑄鐮龍的嘴巴裡面也很有特色，牙齒是植食構造，不像曙奔龍的牙齒呈刀片狀，而是前面比較寬的湯匙狀。這點跟長脖子、長尾巴的知名四足步行植食恐龍類群「蜥腳類」的牙齒大同小異。

所有的肉食恐龍都屬於獸腳類這個類群，但不是所有獸腳類的恐龍都是肉食性。這個類群的祖先是曙奔龍那種肉食性的恐龍，但經過演化後，也出現了很多植食

性恐龍。

鐮刀龍科就是這種「經過演化變成植食性的類群」之一。目前已知在最古老的鑄鐮龍階段，就已經往植食恐龍的方向演進了。

心寬體胖地活著

鐮刀龍科成了植食恐龍，繁衍子孫。這種演化的結果，使鐮刀龍「放棄」了祖先鑄鐮龍的輕盈體態。鐮刀龍的全長雖然是鑄鐮龍的兩倍以上，體重卻超過鑄鐮龍五十倍。

首先，鐮刀龍沒有牙齒，只能囫圇吞棗式地吃植物。

再來，在前面章節〈⑯真愛果然無敵！〉介紹過的似鳥龍類也是植食性獸腳類，同樣沒有牙齒。因此似鳥龍類藉由吞嚥小石頭代替牙齒，幫助磨碎胃中的食物。吞進肚子裡的小石頭稱為「胃石」。

可是鐮刀龍既沒有牙齒，也沒有胃石（至少目前尚未發現）。基於這些原因，牠長成了「中廣身材」。

鐮刀龍看似鮪魚肚的體內並沒有內臟脂肪，而是長長的腸子。學者認為鐮刀龍利用長長的腸子花時間慢慢地消化植物。

從體態輕盈的肉食性祖先，演化成中廣身材的植食性，鐮刀龍科的生態大幅度改變，尤其在白堊紀後期的亞洲，成功地取得一定的地位。

以上讓我們了解「別太講究某件事的結果」。倘若您正為課業或工作忙得焦頭爛額，或許可以試著挑戰一下鐮刀龍科過去實行過的「大膽改變」。

如果想賺錢
就必須先做好準備！

解讀關鍵字

1 鯨豚類的繁榮歷史
2 板塊運動
3 名為「濾食性」的武器

羽扇
唯有地位不可動搖的物種才有權利得到搧風的待遇

人類
正在為成功崛起的鯨魚大人搧風

界各地崛起！

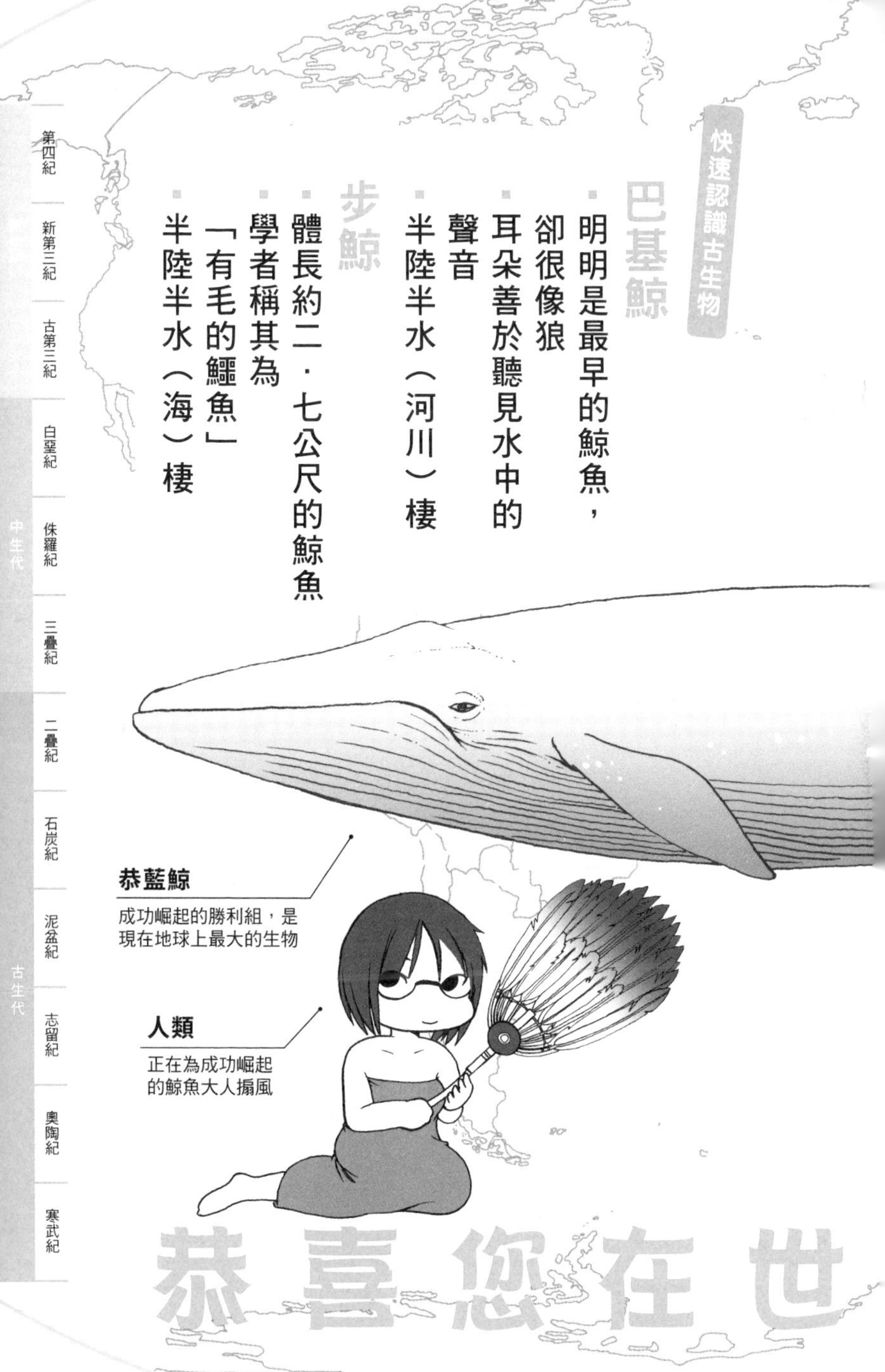
快速認識古生物
巴基鯨
・明明是最早的鯨魚，卻很像狼
・耳朵善於聽見水中的聲音
・半陸半水（河川）棲
步鯨
・體長約二・七公尺的鯨魚
・學者稱其為「有毛的鱷魚」
・半陸半水（海）棲
恭藍鯨
成功崛起的勝利組，是現在地球上最大的生物
人類
正在為成功崛起的鯨魚大人搧風
恭喜您在世
第四紀
新第三紀
古第三紀
白堊紀
侏羅紀
三疊紀
二疊紀
石炭紀
泥盆紀
志留紀
奧陶紀
寒武紀
中生代
古生代

起風了……塵埃漫天飛舞。

塵埃滿天飛舞，盲人就會增加。

盲人會彈三味線，因此盲人一旦增加，三味線的需求也會增加。

三味線是由貓皮製成的樂器，因此三味線的需求一旦增加，貓就會減少。

貓一旦減少，老鼠就增加。

老鼠一旦增加，木桶就會被咬破。

木桶一旦被咬破，就不能用了，要買新的來替換。

因此木桶店的生意就會興隆。

起風了……吹過地球一圈，讓木桶店賺大錢。

日本諺語「起風後木桶店賺大錢」指意想不到的結果，也可以用來比喻不抱希望的期待。

然而，木桶店真的什麼都不做就能獲利嗎？

如果讓這個比喻成立……一是木桶店必須具備製造木桶的技術；二是木桶店必須

事先準備好製造木桶的材料，否則一旦產生需求，就來不及及時供應木桶。

三是必須在沒什麼競爭對手的業界（萬一有其他的競爭者，獲利就會變少）撐到發生「大規模的需求」為止。

四是必須先建立起良好的信用，好讓民眾需要木桶時願意向這家店購買。

這些事前準備與努力缺一不可。放眼生命的歷史，也能看見這樣的例子。

開拓「新環境」

距今約六千六百萬年前，有一顆小行星掉在墨西哥的猶加敦半島近海，覆滅了當時繁榮到極致的恐龍王國（請參照前面章節〈⑧滅絕還是存活，終究要靠運氣〉）。

這起驚天動地的大滅絕過了兩千萬年左右，在現在的印度西北部及巴基斯坦東北部的國界附近，出現了不太一樣的哺乳類。該哺乳類體長一公尺左右，長得很像狼，名為「**巴基鯨**」（*Pakicetus*），是「最早的鯨魚」。

雖說是「鯨魚」，但巴基鯨擁有強健的四肢，是在陸地上行走的動物，更重要的是牠長得真的很像狼。但又跟狼不太一樣，雙眼長在很高的位置。光看眼睛的位置，其實還比較像鱷魚。

牠還有一個單從外表看不出來的特徵，那就是巴基鯨耳朵的「構造」跟其他的陸棲哺乳類不同。

包括我們人類在內，一般陸棲哺乳類的耳朵適合在空氣中聆聽聲音，不適合聆聽水中的聲音。應該有人有過這樣的經驗吧，潛入游泳池等水中的時候，聽不清楚聲音是從哪個方向傳來，或是無法確定聲音的來源。

然而，比起空氣中的聲音，巴基鯨的耳朵更善於捕捉水中的聲音。這是鯨豚類共同的特徵。因為這對耳朵，就算外表長得不像鯨魚，也知道巴基鯨屬於鯨豚類。

既然有強健的四肢，就能在陸地上走路，但耳朵卻是水中專用，可見巴基鯨的生態大概是半陸半水棲，可以視需求潛入河川，只露出眼睛在水面，以便觀察陸地上的狀況。

回到鯨魚的話題，鯨豚類是數量龐大的類群，目前地球上一共有九十種，棲息地遍及全世界，不只海棲，也有生活在淡水的種類。從現在地球上最大的動物藍鯨，到全長一．四公尺的港灣鼠海豚，都是這個類群的成員，可說是極富多樣性的「勝利者

類群」。

上述鯨豚類的歷史，正始於巴基鯨那種小型的陸棲哺乳類。自巴基鯨出現在地球上又過了一百萬年左右，在距離巴基鯨棲息的地方不算太遠的海岸，出現了體長約二．七公尺的鯨魚「**步鯨**」（*Ambulocetus*）。

步鯨與巴基鯨一樣，都是具有強健四肢的哺乳類。

硬要說有什麼差別的話，不同於巴基鯨給人體態輕盈的印象，步鯨的骨幹十分壯碩。專家學者稱步鯨為「有毛的鱷魚」，可見步鯨長得有點像鱷魚，但又是哺乳類，所以有體毛。

步鯨也是半陸半水棲，只不過，半陸半水的「水」指的是「海」，這點與巴基鯨不同。步鯨被視為鯨豚類的祖先從陸地進入海洋的過渡期動物。

自步鯨出現在地球上，又過了一千一百萬年左右，鯨豚類已經完全適應水中生活了。當時最具代表性的鯨豚類當數全長約五公尺的「**矛齒鯨**」（*Dorudon*）。這種動物還保留小巧的後肢，但前肢演化成鰭，模樣神似現在的小型鯨豚類……也就是海豚。

鯨豚類踏上歷史舞臺後，花了一千萬年再多一點的時間從陸地進入海洋，並且逐漸增加數量，在繁榮的道路上勇往直前。

只不過在這個時間點，適合吃浮游生物的藍鯨等「鬚鯨類」還未出現在地球上，當時牠們仍是用牙齒攝食的「一般海棲動物」。

「風」突然開始吹了？

我們不妨將焦點切換到地球規模。

地球表層的岩石圈（地殼加上部地函）被分割成大大小小的「板塊」。地球有數十片板塊，相互分離、聚合、擦身而過。

我生活在日本列島，能深刻感受到上述的板塊活動，畢竟跟日常生活息息相關的地震及火山都是板塊活動造成的現象。

日本列島是世上屈指可數的眾多板塊交界處，北美洲板塊、歐亞大陸板塊、太平洋板塊、菲律賓海板塊都交會在這裡。東日本位於北美洲板塊上，西日本位於歐亞大陸板塊上。太平洋板塊則隱沒在北美洲板塊下，而菲律賓海板塊隱沒在歐亞大陸板塊底下。上述板塊隱沒時會牽動上方的板塊，一旦超過極限，上方的板塊就會「回

彈」，因而引發大規模的地震（也有發生在板塊內部的地震，所以並非所有地震都是因為『回彈』造成）。

儘管板塊的移動速度每年不到十公分，慢得不能再慢，但是像坐落在太平洋板塊上的夏威夷群島，依舊緩慢地向日本靠近。此外，伊豆半島本是在菲律賓海板塊上的島嶼，後來跟本州連上形成半島。

由此可知，板塊會移動，同時搬運位於其上的海底與陸地。

回顧地球漫長的歷史，大約在兩億年再早一點，所有的大陸是合在一塊的，構成了盤古超級大陸。接著因為板塊的運動，盤古超級大陸解體，各大陸才慢慢移動到現在的位置。

也有大陸經歷了分裂，最後又合體，那就是澳洲大陸與南極大陸，不過這兩塊大陸在約三千萬年前又分裂了。

這種地球規模的變化對於正要開始繁榮的鯨豚類，可以說是「意外吹來的風」。

以下為各位講解鯨豚類有如木桶店的歷程。

澳洲大陸與南極大陸分裂後，兩塊大陸都變成不跟其他大陸相連的孤島，也沒有任何地峽，像是連結南北美洲大陸的巴拿馬地峽，或連結歐亞大陸與非洲大陸的蘇伊士地峽。

儘管如此，澳洲大陸還可以算是與歐亞大陸的馬來半島「藕斷絲連」，因為澳洲大陸也包含新幾內亞島等大大小小的群島。

不過南極大陸連這些島嶼都沒有，與澳洲大陸分離後，就成了貨真價實的孤島。完全變得「孤零零」的南極大陸周圍，生成了繞南極大陸一圈的洋流，稱為「南極洲環流」。

地球上大部分的洋流都流經好幾個氣候帶，例如流經日本附近的黑潮，就是從東海北上，將低緯度地區的熱能運送到中緯度地區。而墨西哥灣流則是從美洲南岸的墨西哥灣斜斜地橫渡大西洋，流向歐洲，同樣是將低緯度地區的熱能運送到高緯度地

區。現在的歐洲以其緯度位置來說相對溫暖，就是因為有墨西哥灣流輸送來的熱能。

可是南極洲環流卻沒有上述的「熱移動」，而且緯度還愈來愈高，結果導致南極洲環流愈來愈冷。

冷到一定程度以上，海就會結冰；當海水結冰，因冰塊無法吸收海水中的鹽分，使得鹽分留在海中。結果造成南極大陸周圍的海水變成冰冷且鹽分濃度極高的液體。冰冷且鹽分濃度極高的液體比一般水重。既然比較重，自然就會沉入深海，在南極大陸周圍產生大規模的下降流。

那麼海底有什麼東西呢？

海底充滿了在地球漫長的歷史中，堆積下來的浮游生物屍體等大量有機物。大規模的下降流就捲起那些有機物，於是南極大陸周圍的海就比其他海域擁有更豐富的有機物，接著以那些有機物為食的浮游生物也會隨之增加。

鯨豚類可沒有放過這個機會，牠們發展出獨特的食性，演化成「以過濾的方式食用」大量增加的浮游生物。這個類群就是鬚鯨類。

鬚鯨類的「濾食性」生活模式保證了牠們的繁榮。而同樣的大型海棲動物都沒有這種生活模式，這等於是競爭對手極少的「業界」。鬚鯨類也就在這個「業界」占據了「高度的市占率」。

在那之後，鬚鯨類成為擁有藍鯨等史上最大海棲動物的類群，在世界各地的海域傲視群雄。

回顧鯨豚類的歷史，如果不是在巴基鯨的階段就進軍水域，或者在步鯨的階段沒有掌握住進入海洋的機會，鬚鯨類根本不會出現。

正因為在南極大陸成為孤島的時刻，鯨豚類已經成為海棲動物，並贏得一定程度以上的繁榮，鬚鯨類才得以出現在地球上。雖然也可以單純看作天賜良機，但也不能少了在那之前的演化（準備）。

木桶店之所以能賺錢，絕非偶然，而是必然。

與競爭對手共同成長！

——切磋琢磨就是最佳策略

解讀關鍵字

1 中生代的三大海棲爬行動物

2 滄龍類繁榮的歷史

3 新鯊類的出現與抬頭

快速認識古生物

白堊尖吻鯊

・長得很像大白鯊
・最大九・八公尺
・會瞄準動物的弱點脖子咬

霍式滄龍

・最大十五公尺
・光是頭骨就長達一・六公尺
・又稱為「馬斯垂克大怪獸」

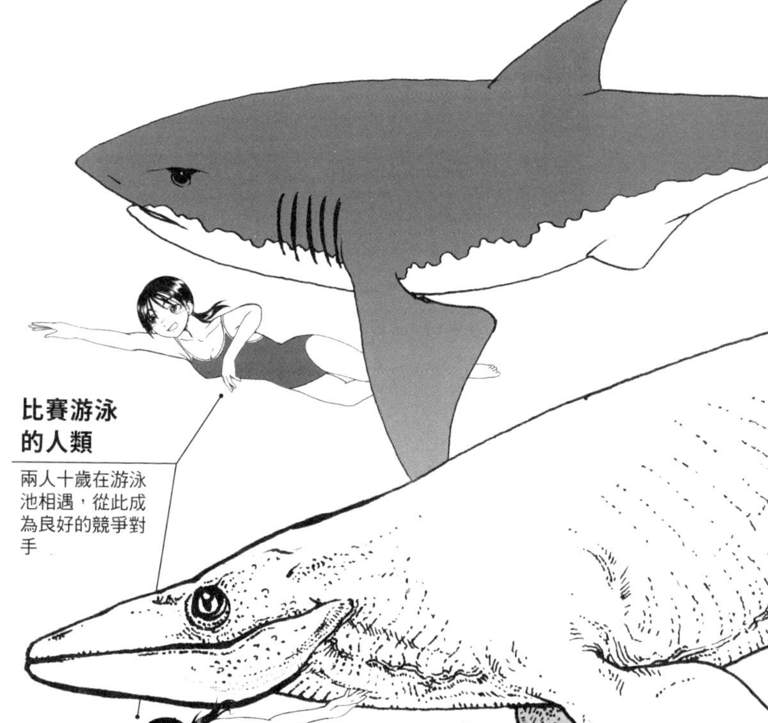

在組織裡，同梯的存在令人非常放心。伙伴們身處相同時代，接受相同教育，可以分擔煩惱、互相鼓勵，是非常珍貴的戰友。

然而，同梯也是離自己最近的競爭對手，而且愈是能力與自己相近、想法也差不多的人，愈容易成為強大的對手。

最典型的例子就是組織內的升職競爭。大家可能都知道官僚有這種競爭關係，其實在民間企業，權限愈大的高階主管職位通常也愈少。

即使跟出人頭地的競爭無關，像是一起提出企畫案時，通常也得跟接受相同教育的同梯一較長短，因為上級只會採納一個企畫。即使發揮創意，想法也難免跟受相同教育的同梯如出一轍。在這樣的情況下，就必須思考如何讓自己的企畫脫穎而出、該怎麼做才能勝過同梯。正因為有競爭對手，才會努力絞盡腦汁。

基本上，前輩都是後輩追逐的對象，也就是所謂的目標；同梯則是互相競爭的對手。從相同的「位置」出發，一起跑、一起往上爬。既是伙伴，也是敵人。而生命史中也存在著（至少看起來像是）與「競爭對手」一起衝上生態系頂端的類群。

後來居上的「強者候補」

「中生代」始於約兩億五千兩百萬年前，持續到約六千六百萬年前，是爬行動物在陸上及海中都非常繁榮的時代。這時，海中有俗稱「中生代的三大海棲爬行動物」類群，分別是「魚龍類」、「蛇頸龍類」、「滄龍類」。

當中最早出現的類群是「魚龍類」。魚龍類雖是爬行動物，但長得跟現在的海豚很像（請參照前面章節〈⑩演化的贏家驚人地相似〉）。魚龍類在中生代一開始就出現在地球上，然而等不到中生代末期的大滅絕就消失了（請參照前面章節〈⑧滅絕還是存活，終究要靠運氣〉）。

「蛇頸龍類」則比魚龍類晚了數千萬年才出現。在電影《哆啦A夢：大雄的新恐龍》裡登場的P助「雙葉龍」（*Futabasaurus*）應該是最有名的蛇頸龍類。

第三種「滄龍類」，是在蛇頸龍類出現後又過了將近一億年才出現在地球上，比另外兩個類群晚很多。雖然出現得晚，但滄龍類出現沒多久，就一舉爬上海洋生態系的金字塔頂端。

這一章的主角就是滄龍類一族。

用一句話形容滄龍類的外型，那就是「四肢和尾巴變成鰭的巨蜥」。四肢及尾巴變成鰭的程度依種類而異，但是滄龍類都給人一種「巨蜥適應了水中生活」的感覺。

已知最早的滄龍類出現在距今約一億年前的白堊紀中期，在以色列發現化石的滄龍名叫「**哈氏龍**」（*Haasiasaurus*），全長二～三公尺左右。前面才寫到「滄龍類的外型就像四肢和尾巴變成鰭的巨蜥」，原始的哈氏龍四肢還可以看到手指，尾鰭也尚未發達。

哈氏龍也有銳利的牙齒，但給人一種輕佻的感覺，很難想像這種動物的同類有一天居然能爬上生態系的金字塔頂端。

然而，緊接在哈氏龍後面出現的滄龍類全長不大，四肢卻已經變成鰭，尾鰭也很發達，完全適應了水中生活。例如展示於自然資料館的「**鎖椎龍**」（*Clidastes*）及展示於群馬縣立自然史博物館的「**扁掌龍**」（*Platecarpus*）都是「體積雖然不大，但已適應水棲」的初期滄龍類。

從此以後，滄龍類就跟「競爭對手」們一起爭先恐後地成為海中強大的生物。

優秀的同梯

「新鯊類」是與滄龍類同時展開勢力的競爭對手（海棲動物的類群）。牠們涵蓋了鯊魚及其親緣類群，與滄龍類同為本章節的主角。

話說回來，新鯊類的歷史本身就比滄龍類更早，早在滄龍類出現於世再往前推一億年左右，新鯊類就已經出現在地球上了，只是經過了一段蟄伏的歲月。

新鯊類是構成軟骨魚綱的類群之一，軟骨魚綱本身可以繼續回溯到兩億年前。請回想前面章節〈㉖該守還是攻〉的內容，當時與甲冑魚反覆進行生存競爭，後來站上海洋生態系頂端的類群，就是軟骨魚綱。

上述的軟骨魚綱中，新鯊類涵蓋了鯊魚及一些親緣相近的種類，出現在侏羅紀前期。牠們身上有幾個過去軟骨魚綱沒有的特徵。在被譽為古脊椎動物學的教科書的《VERTEBRATE PALAEONTOLOGY》（作者：麥可．班頓）的第四版（二〇一四年發行）中，就列舉了新鯊類的特徵：牠們有石灰化的脊椎，嘴巴可以張得更大，吻部比嘴巴更往前突出，嘴巴的開闔速度很快，游泳速度也很快等。

具有以上特徵的新鯊類，在魚龍類及蛇頸龍類唯我獨尊的時代絕對稱不上是強者，體積也不大。然而，到了滄龍類出現在地球上的白堊紀中葉，新鯊類突然開始大型化，在海洋生態系的階梯一口氣往上爬。順帶一提，滄龍類出現在地球上的原因，和新鯊類急速「變得強而有力」的原因，目前都還是未解之謎。

一起往上爬

「**白堊尖吻鯊**」（*Cretoxyrhina*）是新鯊類崛起的象徵。外形與現存的大白鯊差不多，擁有巨大的頭與銳利的牙齒。全長平均為五～六公尺，最大可達九．八公尺。現存大白鯊的體積為四．八～六．四公尺左右，因此以平均值來看固然相去無幾，但是特別大的個體卻壓倒性地凌駕於大白鯊。

世界各地如美洲都有發現白堊尖吻鯊的化石，其繁榮程度可見一斑。而在大型的輻鰭魚類（以現存種來說，就是鮪魚、鰹魚等大部分魚所屬的類群）的化石，以及大部分海棲爬行動物的化石，都能發現白堊尖吻鯊的齒痕。

這種齒痕多半是下顎的齒痕，因此有學者認為白堊尖吻鯊能精準瞄準動物的弱點，也就是脖子展開攻擊。真是可怕的鯊魚。

白堊尖吻鯊活在白堊紀後期中葉（約八千五百萬年前左右）。幾乎同一時期，不只白堊尖吻鯊，世界各地的海洋裡也存在著大型的新鯊類。牠們當中有些鎖定白堊尖吻鯊吃剩下的「剩菜」，有些則以貝類等堅硬的東西為主食。

另外，新鯊類中存在著能適應各種不同生態的種類。換言之，新鯊類不只大型化，也成功地多樣化。

另一頭，同時間滄龍類也成功地多樣化。有些種類擁有能咬碎獵物骨頭的有力牙齒，有些種類擁有能撕裂獵物肌肉的牙齒；有些種類擁有能磨碎貝類的牙齒，也有不住在海裡、而是進軍河川的種類。

而且滄龍類也成功地大型化。比白堊尖吻鯊晚了將近兩千萬年，卻出現了「**霍式滄龍**」（*Mosasaurus hoffmanni*）這種全長十五公尺的有名巨大種（牠也是類群名稱的由來）。光是頭骨就長達一・六公尺，嘴裡長滿粗壯的牙齒。順帶一提，霍式滄龍是最早被發掘的滄龍類種類。發現化石的時候，還不曉得究竟是什麼動物的化石，因此取發現場所的地名，稱牠為「馬斯垂克大怪獸」。

至於滄龍類及新鯊類的大型化，有人認為是新鯊類先大型化，大型的新鯊類滅絕後，才出現滄龍類的大型種；也有人認為不能一概而論，兩者應該是在相仿的時機變大的。

基本上，在同一個生態系，處於相同生態區位的動物應該不會只有一種（請參照前面章節〈⑬利用『區位分隔』來避免爭端〉）。倘若幾乎同時在生態系「往上爬」，那麼同屬「優秀獵人」的兩個類群之間，應該會有某種區位分隔也說不定，只不過這部分還不是很清楚。

回到現代社會，同梯固然是互相切磋琢磨的競爭對手，但是只要有別人可能看不出來的細微差異，或許就能一起「往上爬」。

日本博物館推薦

以下為各位整理在本書出現過的博物館。

三笠市立博物館（北海道）
菊石的收藏十分齊全。

茨城縣自然博物館
除了熱龍跟松花江猛獁象，也展示刃齒虎的實物化石。

葛生化石館（櫪木縣）
展示著伊氏獸。

神流町恐龍中心（群馬縣）
有許多產自蒙古的恐龍。

群馬縣立自然史博物館
除了水龍獸外，也展示異齒龍的實物化石。

國立科學博物館（東京都）
除了鄧氏魚、猛獁象屋外，還展示暴龍。

東海大學自然史博物館（靜岡縣）
有盾甲龍的展示。

北九州市立自然史、歷史博物館（福岡縣）
除了鄧氏魚外，暴龍的展示也很多。

以下也推薦其他與本書有關的博物館。

蒲郡市生命之海科學館（愛知縣）
充滿了對奇蝦的愛。

豐橋市自然史博物館（愛知縣）
展示著引螈。

寫在最後

向古生物學習的三十個小故事，大家還滿意嗎？

或許各位在閱讀的過程中，覺得有些動物自掃門前雪，有些動物引人發噱。不過，只要有幾個故事能贏得各位的認同，本書的企畫就成功了。

本書中各種古生物的話題，都是基於「研究成果」而來。然而科學日新月異，今天的假說被明天的發現推翻掉的情況所在多有。

不過只要換個角度，肯定能從新發現或新假說中學到什麼東西。當然，享受新舊假說間的差異或發現等等，是跨足科學與歷史學的古生物學中很重要的元素。

對了，編輯在本書開頭說的話還有這樣的後續。

「你原本是上下班的編輯，能不能在書裡發揮當過管理職的經驗呢？」

如何？我當了大約九年上班族的經驗，是否跟古生物的知識巧妙地融合了呢？

負責為本書（日本原文版）審定的芝原曉彥先生是名古生物學家，同時也是地球科學可視化技術研究所股份有限公司的代表。真的非常感謝芝原先生在百忙當中，還從古生物學家及企業代表兩方面的立場給予協助。

插圖是田中順也先生的作品，承蒙他為本書特地描繪了這些插圖。他以獨特的筆觸描繪出惹人憐愛的古生物與女性，為書中可能有點過於生硬的主題增添了某種「喘息」的空間。

絕妙的日本原文版設計則是bookwall股份有限公司的松昭教先生與築地亞希乃女士的作品；編輯則由幻冬舍的有馬大樹先生負責，陣容十分堅強。

由衷感謝各位看到最後一頁，真的非常感謝大家。但願這本書能對您有一點點啟發。

今後在接觸古生物或生命史的時候，如果能回憶起書裡的觀點，進而享受這門學問，將是我莫大的榮幸。

索引

H

I

K

L

M

N

U

V

W

志留紀

約4億4400萬年前
～4億1900萬年前

奧陶紀

約4億8500萬年前
～約4億4400萬年前

寒武紀

約5億4100萬年前
～4億8500萬年前

艾迪卡拉紀

約6億3500萬年前
～5億4100萬年前

奧陶紀—志留紀大滅絕

中生代　　　　古

三疊紀

約2億5200萬年前
～2億100萬年前

歌津魚龍（p.95）

曙奔龍（p.257）

蜥鱷（p.165）

利索維斯獸（p.24）

三疊紀－侏羅紀大滅絕

二疊紀

約2億9900萬年前
～2億5200萬年前

伊氏獸（p.19、211）

引螈（p.12）

盾甲龍（p.211）

雙齒獸（p.20、211）

笠頭螈（p.234）

異齒龍（p.10、208）

頰龍（p.211）

水龍獸（p.210）

瓦氏貝（p.104）

二疊紀－三疊紀大滅絕

石炭紀

約3億5900萬年前
～2億9900萬年前

巨脈蜻蜓（p.231）

泥盆紀

約4億1900萬年前
～3億5900萬年前

棘螈（p.252）

爾本蟲（p.140）

裂口鯊（p.244）

鄧氏魚（p.242）

提塔利克魚（p.252）

雙角蟲（p.140）

擬石燕（p.103）

溝鱗魚（p.241）

三戟瓦勒西蟲（p.140）

泥盆紀後期大滅絕

古第三紀

約6600萬年前
～2303萬年前

史前海龜（p.204）
步鯨（p.267）
泰坦巨蟒（p.198）
德爾菲企鵝屬（p.60）
矛齒鯨（p.267）
巴基鯨（p.265）
巴博劍齒虎（p.45）
祕魯企鵝屬（p.60）
偽劍齒虎（p.44）
細齒獸（p.31、43）
新魯狼（p.33）
威瑪努企鵝屬（p.59）

白堊紀

約1億4500萬年前
～6600萬年前

甲龍（p.214）
迅掠龍（p.202、208）
似鳥龍（p.148）
神威龍（p.215）
虔州龍（p.122）
鎖椎龍（p.278）
白堊尖吻鯊（p.280）
特暴龍（p.119）
恐鱷（p.169）
恐爪龍（p.202）
暴龍（p.18、65、74、119、165、208、221）
四足蛇（p.196）
鐮刀龍（p.256）
三角龍（p.203、214）
兩足蛇（p.197）
奇異日本菊石（p.189）
日本龍（p.215）
哈氏龍（p.278）
厚頭龍（p.214）
厚棘蛇（p.196）
鑄鐮龍（p.258）
扁掌龍（p.278）
原角龍（p.203）
霍式滄龍（p.281）
日本真螺旋菊石（p.189）
矛尾魚（p.128）
血王龍（p.224）

白堊紀—第三紀大滅絕

侏羅紀

約2億100萬年前
～1億4500萬年前

異特龍（p.54）
冠龍（p.222）
劍龍（p.214）
狹鰭魚龍（p.95）
原角鼻龍（p.221）
馬門溪龍（p.222）

第四紀

約258萬年前～現在

曙光劍齒象（p.112）

美洲乳齒象（p.52）

長毛猛獁象（p.109、155、208）

哥倫比亞猛獁象（p.52、109）

松花江猛獁象（p.109）

刃齒虎（p.47、52、208）

恐狼（p.52）

八王子象（p.111）

直立人（p.227）

智人（p.155、207、277）

洞熊（p.174）

洞鬣狗（p.176）

穴獅（p.176）

新第三紀

約2303萬年前～258萬年前

阿法南猿（p.225）

黃河象（p.111）

劍齒象（p.110）

恐毛蝟（p.113）

短劍劍齒虎（p.46）

三重象（p.111）

後貓族（p.46）

提供以下參考資料
給想深入了解的讀者

一般書籍

『アンモナイト学（菊石學）』編：國立科學博物館，著：重田康成，二〇〇一年發行，東海大學出版會

『岩波＝ケンブリッジ 世界人名辞典（劍橋百科全書　世界人名辭典）』編：大衛・克里斯托，一九九七年發行，岩波書店

『エディアカラ紀・カンブリア紀の生物（艾迪卡拉紀、寒武紀的生物）』監修：群馬縣立自然史博物館，著：土屋 健，二〇一三年發行，技術評論社

『凹凸形の殻に隠された謎（藏在凹凸不平的殼中之謎）』著：椎野勇太，二〇一三年發行，東海大學出版會

『オルドビス紀・シルル紀の生物（奧陶紀、志留紀的生物）』監修：群馬縣立自然史博物館，著：土屋 健，二〇一三年發行，技術評論社

『怪異古生物考（怪異古生物考）』監修：荻野慎諧，著：土屋 健，繪：久 正人，二〇一八年發行，技術評論社

『海洋生命五億年史（海洋生命五億年史）』監修：田中源吾、富田武照、小西卓哉、田中嘉寛，著：土屋 健，二〇一八年發行，文藝春秋

『旧約聖書 創世記（舊約聖經 創世紀）』譯：關根正雄，一九六七年發行，岩波書店

『教科書ガイド 三省堂版 高等学校 国語総合 古典編（教科書導讀　三省堂版　高等學校　國語綜合　古典篇）』二〇一三年發行，文研出版

『恐竜学入門（恐龍學入門）』著：D. E. Fastovsky, D. B. Weishampel，監譯：真鍋 真，譯：藤原慎一、松本涼子，二〇一五年發行，東京化學同人

『恐竜ビジュアル大図鑑（恐龍外觀大圖鑑）』監修：小林快次、藻谷亮介、佐藤環、羅伯特・詹金斯、小西卓哉、平山 廉、大橋智之、富田幸光，著：土屋 健，二〇一四年發行，洋泉社

『決着！ 恐竜絶滅論争（一槌定音！恐龍滅絕論戰）』著：後藤和久，二〇一一年發行，岩波書店

『広辞苑 第七版（第七版廣辭苑）』編：新村 出，二〇一八年發行，岩波書店

『古生物学事典 第二版（第二版古生物學事典）』編：日本古生物學

會，二〇一〇年發行，朝倉書店
『古生物食堂（古生物食堂）』監修：松郷庵甚五郎二代目、古生物食堂研究者團隊，著：土屋 健，繪：黑丸，二〇一九年發行，技術評論社（中文版《古生物食堂》由黃小芳翻譯，臺灣東販出版）
『古生物たちのふしぎな世界（古生物們不可思議的世界）』協力：田中源吾，著：土屋 健，二〇一七年發行，講談社
『古第三紀・新第三紀・第四紀の生物 上巻（古第三紀、新第三紀、第四紀的生物 上冊）』監修：群馬縣立自然史博物館，著：土屋 健，二〇一六年發行，技術評論社
『古第三紀・新第三紀・第四紀の生物 下巻（古第三紀、新第三紀、第四紀的生物 下冊）』監修：群馬縣立自然史博物館，著：土屋 健，二〇一六年發行，技術評論社
『三畳紀の生物（三疊紀的生物）』監修：群馬縣立自然史博物館，著：土屋 健，二〇一五年發行，技術評論社
『シーラカンス（腔棘魚）』編：北九州市立自然史、歷史博物館、福岡文化財團，著：籔本美孝，二〇〇八年發行，東海大學出版會
『シーラカンスは語る（聊聊腔棘魚）』著：大石道夫，二〇一五年發行，丸善出版
『ジュラ紀の生物（侏羅紀的生物）』監修：群馬縣立自然史博物館，著：土屋 健，二〇一五年發行，技術評論社
『小学館の図鑑 NEO 鳥（小學館的圖鑑 NEO 鳥）』監修：上田惠介，指導、執筆：柚木 修，畫：水谷高英等人，二〇〇二年發行，小學館
『小学館の図鑑 NEO 動物（小學館的圖鑑 NEO 動物）』指導、執筆：三浦慎吾、成島悅雄、伊澤雅子，監修：吉岡 基、室山泰之、北垣憲仁，協力：橫山 正，畫：田中豐美等人，二〇〇二年發行，小學館
『新版 絶滅哺乳類図鑑（新版 滅絕哺乳類圖鑑）』著：富田幸光，插圖：伊藤丙雄，岡本泰子，二〇一一年發行，丸善
『人類の演化大図鑑（人類的演化大圖鑑）』日文版監修：馬場悠男，編著：艾莉絲・羅伯特，二〇一二年發行，河出書房新社
『生命史図譜（生命史族譜）』監修：群馬縣立自然史博物館，著：土屋 健，二〇一七年發行，技術評論社
『生命と地球の演化アトラスⅢ』著：伊恩・詹金斯，監譯：小畠郁

生，二〇〇四年發行，朝倉書店
『世界サメ図鑑（世界鯊魚圖鑑）』日文版監修：仲谷一宏，著：史蒂夫·帕克，譯：櫻井英里子，二〇一〇年發行，NEKO PUBLISHING（貓出版）
『石炭紀・ペルム紀の生物（石炭紀、二疊紀的生物）』監修：群馬縣立自然史博物館，著：土屋 健，二〇一四年發行，技術評論社
『そして恐竜は鳥になった（於是乎，恐龍變成鳥了）』監修：小林快次，著：土屋 健，二〇一三年發行，誠文堂新光社
『孫子』著：淺野裕一，一九九七年發行，講談社
『ティラノサウルスはすごい（了不起的暴龍）』監修：小林快次，著：土屋 健，二〇一五年發行，文藝春秋
『デボン紀の生物（泥盆紀的生物）』監修：群馬縣立自然史博物館，著：土屋 健，二〇一四年發行，技術評論社
『動物学の百科事典（動物學的百科全書）』編：日本動物學會，二〇一八年發行，丸善出版
『オックスフォード動物行動学事典（牛津動物行動學事典）』編：大衛·麥克法蘭，監譯：木村武二，一九九三年發行，動物出版社
『白亜紀の生物 上巻（白堊紀的生物 上冊）』監修：群馬縣立自然史博物館，著：土屋 健，二〇一五年發行，技術評論社
『白亜紀の生物 下巻（白堊紀的生物 下冊）』監修：群馬縣立自然史博物館，著：土屋 健，二〇一五年發行，技術評論社
『爬虫類の演化（爬行動物的演化）』著：疋田 努，二〇〇二年發行，東京大學出版會
『歩行するクジラ（走路的鯨魚）』著：J. G. M. 泰維生，譯：松本忠夫，二〇一八年發行，東海大學出版部
『北海道 化石が語るアンモナイト（北海道 化石口中的菊石）』著：早川浩司，二〇〇三年發行，北海道新聞社
『眼の誕生（第一隻眼的誕生）』著：安德魯·派克，譯：渡邊政隆，今西康子，二〇〇六年發行，草思社（中文版《寒武紀大爆發：第一隻眼的誕生》由陳美君、周南翻譯，貓頭鷹出版）
『よみがえる恐竜（別冊日経サイエンス）／死而復活的恐龍（別冊日經科學月刊）』編：真鍋 真，二〇一七年發行，日本經濟新聞出版社
『老子』譯注：蜂屋邦夫，二〇〇八年發行，岩波書店
『ワニと恐竜の共存（鱷魚與恐龍的共存）』著：小林快次，二〇一三年發行，北海道大學出版會

『Evolution of Fossil Ecosystems, Second Edition』著：Paul Selden，John Nudds，二〇一二年發行，CRC Press
『The Princeton Field Guide to Dinosaurs Second Edition』著：Gregory S. Paul，二〇一六年發行，Princeton University Press
『The Rise of Fishes』著：John A. Long，二〇一一年發行，Johns Hopkins University Press

雜誌報導

『イヌとネコはどこから来たのか？（貓和狗從哪裡來？）』Newton 二〇一一年十月號，Newton Press
『撮影成功！ 洞窟にひそむシーラカンス（成功拍到！躲在洞窟裡的腔棘魚）』Newton 二〇〇六年九月號，Newton Press
『ペンギンの数奇な歩み（企鵝奇妙的走路姿勢）』著：R. E. 佛岱斯、D. T. 賽普卡，日經科學月刊 二〇一三年三月號，日經科學月刊

特別展場刊

『シーラカンスの謎に迫る（探索腔棘魚之謎）』二〇〇九年，群馬縣立自然史博物館
『太古の哺乳類展（遠古的哺乳類展）』二〇一四年，國立科學博物館
『マンモス「YUKA」（長毛象「YUKA」）』二〇一三年，橫濱國際平和會議場

網路資源

アフリカゾウ豆知識，東京ズーネット（非洲象小常識／Tokyo Zoo Net），https://www.tokyo-zoo.net/topics/profile/profile23.shtml
音のふしぎ（不可思議的聲音），Panasonic，https://www.panasonic.com/jp/corporate/sustainability/citizenship/pks/library/015sound/sou013.html
住民基本臺帳に基づく人口、人口動態及び世帯 ／根據住民基本臺帳統計的人口、人口動態及戶數（平成三十年一月一日統計），總務省，http://www.soumu.go.jp/menu_news/s-news/01gyosei02_02000177.html
小惑星衝突の「場所」が恐竜などの大量絶滅を招く－衝突場所により、すすが引き起こす気候変動の規模に変化－（小行星撞地球的「地點」導致恐龍大量滅絕—行星墜落的地點揚起的煤灰改變了氣候變動的規模—），東北大學，https://www.

tohoku.ac.jp/japanese/2017/11/press20171109-01.html
世界の犬，一般社団法人ジャパンケネルクラブ（世界之犬／一般社團法人JAPAN KENNEL CLUB）https://www.jkc.or.jp/worlddogs/introduction
全国犬猫飼育実態調査，一般社団法人ペットフード協会（全國貓狗飼養狀態調查／一般社團法人寵物食品協會）https://petfood.or.jp/data/
総務省統計局（總務省統計局）https://www.stat.go.jp/index.html
日本産生物種数調査，日本分類学会連合（日本產物種數量調查／日本分類學會協會）http://ujssb.org/biospnum/search.php
メタボってなに？，糖尿病情報センター（何謂代謝症候群？糖尿病資訊中心）http://dmic.ncgm.go.jp/general/about-dm/010/010/02.html

學術論文

Adrian M. Lister, Andrei V. Sher, Hans van Essen, Guangbiao Wei. 2005. The pattern and process of mammoth evolution in Eurasia. Quaternary International, 126-128, 49-64.

p.294

Alfio Alessandro Chiarenza, Philip D. Mannion, Daniel J. Lunt, Alex Farnsworth, Lewis A. Jones,Sarah-Jane Kelland, Peter A. Allison. 2019. Ecological niche modelling does not support climatically-driven dinosaur diversity decline before the Cretaceous/Paleogene mass extinction.Nature Communications, 10:1091.

B. Figueirido, A. Martín-Serra, Z. J. Tseng, C. M. Janis. 2015. Habitat changes and changing predatory habits in North American fossil canids. Nature Communications, 6（1）, 7976. doi:10.1038/ncomms8976.

Cajus G. Diedrich. 2009. Upper Pleistocene Panthera leo spelaea (Goldfuss, 1810) remains from the Bilstein Caves (Sauerland Karst) and contribution to the steppe lion taphonomy,palaeobiology and sexual dimorphism. Annales de Paléontologie, 95（3）, 117-138.

Daniel B. Thomas, Daniel T. Ksepka, R. Ewan Fordyce. 2011. Penguin heat-retention structures evolved in a greenhouse Earth. Biology Letters, 7（3）, 461-464. doi:10.1098/rsbl.2010.0993.

Darla K. Zelenitsky, François Therrien, Gregory M. Erickson, Christopher L. DeBuhr, Yoshitsugu Kobayashi, David A. Eberth, Frank Hadfield. 2012. Feathered non-avian dinosaurs from North

America provide insight into wing origins. Science, 338（6106）, 510-514.

John Kappelman, Richard A. Ketcham, Stephen Pearce, Lawrence Todd, Wiley Akins, Matthew W.Colbert, Mulugeta Feseha, Jessica A. Maisano, Adrienne Witzel. 2016. Perimortem fractures in Lucy suggest mortality from fall out of tall tree. nature, 537（7621）, 503-507.

Johan Lindgren, Peter Sjövall, Volker Thiel, Wenxia Zheng, Shosuke Ito, Kazumasa Wakamatsu, Rolf Hauff, Benjamin P. Kear, Anders Engdahl, Carl Alwmark, Mats E. Eriksson, Martin Jarenmark, Sven Sachs, Per E. Ahlberg, Federica Marone, Takeo Kuriyama, Ola Gustafsson, Per Malmberg, Aurélien Thomen, Irene Rodríguez-Meizoso, Per Uvdal, Makoto Ojika, Mary H. Schweitzer. 2018. Soft-tissue evidence for homeothermy and crypsis in a Jurassic ichthyosaur.nature, 564（7736）, 359-365.

John R. Paterson, Gregory D. Edgecombe, Michael S. Y. Lee. 2019. Trilobite evolutionary rates constrain the duration of the Cambrian explosion. PNAS. doi: 10.1073/pnas.1819366116.

Jørn H. Hurum, Karol Sabath. 2003. Giant theropod dinosaurs from Asia and North America: Skulls of Tarbosaurus bataar and Tyrannosaurus rex compared. Acta Palaeontologica Polonica, 48（2）,161-190.

Katherine Long, Donald Prothero, Meena Madan, Valerie J. P. Syverson. 2017. Did saber-tooth kittens grow up musclebound? A study of postnatal limb bone allometry in felids from the Pleistocene of Rancho La Brea. PLOS ONE, 12(9).

K. D. Angielczyk, L. Schmitz. 2014. Nocturnality in synapsids predates the origin of mammals by over 100 million years. Proceedings of the Royal Society B, 281（1793）. doi: 10.1098/rspb.2014.1642.

K. T. Bates, P. L. Falkingham. 2012. Estimating maximum bite performance in Tyrannosaurus rex using multi-body dynamics, Biology Letters, doi:10.1098/rsbl.2012.0056.

Kunio Kaiho, Naga Oshima. 2017. Site of asteroid impact changed the history of life on Earth: the low probability of mass extinction. Scientific Reports, 7（1）: 14855.

Kunio Kaiho, Naga Oshima, Kouji Adachi, Yukimasa Adachi, Takuya Mizukami, Megumu Fujibayashi, Ryosuke Saito. 2016. Global climate change driven by soot at the K-Pg boundary as the cause of the mass extinction. Scientific Reports, 6: 28427.

Lindsay E. Zanno, Ryan T. Tucker, Aurore Canoville, Haviv M. Avrahami, Terry A. Gates, Peter J. Makovicky. 2019. Diminutive fleet-footed tyrannosauroid narrows the 70-million-year gap in the North American fossil record. Communications Biology, 2: 64.

Matthew E. Clapham, Jered A. Karr. 2012. Environmental and biotic controls on the evolutionary history of insect body size. PNAS. doi: 10.1073/pnas.1204026109.

M. Aleksander Wysocki, Robert S. Feranec, Zhijie Jack Tseng, Christopher S. Bjornsson. 2015.Using a Novel Absolute Ontogenetic Age Determination Technique to Calculate the Timing of Tooth Eruption in the Saber-Toothed Cat, Smilodon fatalis. PLOS ONE, 10(7):e0129847. doi:10.1371/journal.pone.0129847.

Mark A. Loewen, Randall B. Irmis, Joseph J. W. Sertich, Philip J. Currie, Scott D. Sampson. 2013.Tyrant dinosaur evolution tracks the rise and fall of Late Cretaceous oceans. PLOS ONE, 8（11）:e79420. doi:10.1371/journal.pone.0079420.

Mathias Stiller, Gennady Baryshnikov, Hervé Bocherens, Aurora Grandal d'Anglade, Brigitte Hilpert, Susanne C. Münzel, Ron Pinhasi, Gernot Rabeder, Wilfried Rosendahl, Erik Trinkaus, Michael Hofreiter, Michael Knapp. 2010. Withering away—25,000 years of genetic decline preceded cave bear extinction. Molecular Biology and Evolution, 27(5), 975–978. doi:10.1093/molbev/msq083.

Sohsuke Ohno, Toshihiko Kadono, Kosuke Kurosawa, Taiga Hamura, Tatsuhiro Sakaiya, Keisuke Shigemori, Yoichiro Hironaka, Takayoshi Sano, Takeshi Watari, Kazuto Otani, Takafumi Matsui, Seiji Sugita. 2014. Production of sulphate-rich vapour during the Chicxulub impact and implications for ocean acidification. nature geoscience, 7, 279-282.

Steven M. Stanley. 2016. Estimates of the magnitudes of major marine mass extinctions in earth history. PNAS. doi:10.1073/pnas.1613094113.

Takanobu Tsuihiji, Mahito Watabe, Khishigjav Tsogtbaatar, Takehisa Tsubamoto, Rinchen Barsbold, Shigeru Suzuki, Andrew H. Lee, Ryan C. Ridgely, Yasuhiro Kawahara, Lawrence M. Witmer. 2011.Cranial Osteology of a Juvenile Specimen of Tarbosaurus bataar (Theropoda,

Tyrannosauridae) from the Nemegt Formation (Upper Cretaceous) of Bugin Tsav, Mongolia. Journal of Vertebrate Paleontology, 31（3）, 497-517.

Tomasz Sulej, Grzegorz Niedźwiedzki. 2019. An elephant-sized Late Triassic synapsid with erect limbs. Sciecne, 363（6422）, 78-80.

Walter G. Joyce, Norbert Micklich, Stephan F. K. Schaal, Torsten M. Scheyer. 2012. Caught in the act: the first record of copulating fossil vertebrates. Biology Letters, doi:10.1098/rsbl.2012.0361.

W. Scott Persons, IV, Philip J. Currie, Gregory M. Erickson. 2019. An Older and Exceptionally Large Adult Specimen of Tyrannosaurus rex. The Anatomical Record, Special Issue Article.

Yoshitsugu Kobayashi, Tomohiro Nishimura, Ryuji Takasaki, Kentaro Chiba, Anthony R. Fiorillo,Kohei Tanaka, Tsogtbaatar Chinzorig, Tamaki Sato, Kazuhiko Sakurai. 2019. A New Hadrosaurine(Dinosauria:Hadrosauridae) from the Marine Deposits of the Late Cretaceous Hakobuchi Formation, Yezo Group, Japan. Scientific Reports, 9（1）:12389. doi:10.1038/s41598-019-48607-1.

Yuta Shiino, Osamu Kuwazuru, Yutaro Suzuki, Satoshi Ono. 2012. Swimming capability of the remopleuridid trilobite Hypodicranotus striatus :Hydrodynamic functions of the exoskeleton and the long, forked hypostome. Journal of Theoretical Biology, 300, 29-38.

古生物終極生存圖鑑

原 著 書 名／古生物のしたたかな生き方
作　　　者／土屋健
譯　　　者／賴惠鈴
審　　　定／單希瑛
責 任 編 輯／何寧

版權行政暨數位業務專員／陳玉鈴
資深版權專員／許儀盈
行 銷 企 畫／陳姿億
行銷業務經理／李振東
總　編　輯／王雪莉
發　行　人／何飛鵬
法 律 顧 問／元禾法律事務所 王子文律師
出版／奇幻基地出版
臺北市 104 民生東路二段 141 號 8 樓
電話：(02)2500-7008　傳真：(02)2502-7676
網址：www.ffoundation.com.tw
e-mail：ffoundation@cite.com.tw
發行／英屬蓋曼群島商家庭傳媒股份有限公司城邦分公司
臺北市 104 民生東路二段 141 號11 樓
書虫客服服務專線：(02)25007718・(02)25007719
24 小時傳真服務：(02)25170999・(02)25001991
服務時間：週一至週五09:30-12:00・13:30-17:00
郵撥帳號：19863813　戶名：書虫股份有限公司
讀者服務信箱 E-mail：service@readingclub.com.tw
歡迎光臨城邦讀書花園 網址：www.cite.com.tw
香港發行所／城邦（香港）出版集團有限公司
香港灣仔駱克道 193 號 1 東超商業中心 1 樓
電話：(852) 2508-6231 傳真：(852) 2578-9337
馬新發行所／城邦（馬新）出版集團
【Cite(M)Sdn. Bhd.(458372U)】
11, Jalan 30D/146, Desa Tasik,
Sungai Besi, 57000 Kuala Lumpur, Malaysia.
電話：603-9056-3833　傳真：603-9056-2833

封面設計／謝佳穎
排　　版／邵麗如
印　　刷／高典印刷有限公司
■2022年(民111)3月3日初版一刷

售價／420元
Printed in Taiwan.

國家圖書館出版品預行編目資料

古生物終極生存圖鑑 / 土屋健著；賴慧鈴譯. -- 初版. -- 臺北市：奇幻基地出版：英屬蓋曼群島商家庭傳媒股份有限公司城邦分公司發行, 民111.03
面：公分.
譯自：古生物のしたたかな生き方
ISBN 978-626-7094-20-4 (平裝)

1CST: 古動物學 2.CST: 古生物 3.CST: 通俗作品

359.5　　111000172

KOSEIBUTSU NO SHITATAKANA IKIKATA
by Ken TSUCHIYA

ISBN　978-626-7094-20-4

廣　告　回　函
北區郵政管理登記證
台北廣字第000791號
郵資已付，免貼郵票

104台北市民生東路二段141號11樓

英屬蓋曼群島商家庭傳媒股份有限公司城邦分公司 收

請沿虛線對摺，謝謝

每個人都有一本奇幻文學的啓蒙書

奇幻基地粉絲團：http://www.facebook.com/ffoundation

書號：**1HP017**　　書名：古生物終極生存圖鑑

請於此處用膠水黏貼

讀者回函卡

謝謝您購買我們出版的書籍！請費心填寫此回函卡，我們將不定期寄上城邦集團最新的出版訊息。

姓名：＿＿＿＿＿＿＿＿＿＿＿＿＿＿＿　性別：□男　□女

生日：西元＿＿＿＿＿年＿＿＿＿＿月＿＿＿＿＿日

地址：＿＿＿＿＿＿＿＿＿＿＿＿＿＿＿＿＿＿＿＿

聯絡電話：＿＿＿＿＿＿＿＿＿＿傳真：＿＿＿＿＿＿＿＿＿＿

E-mail：＿＿＿＿＿＿＿＿＿＿＿＿＿＿＿＿＿＿＿＿

學歷：□1.小學　□2.國中　□3.高中　□4.大專　□5.研究所以上

職業：□1.學生　□2.軍公教　□3.服務　□4.金融　□5.製造　□6.資訊

□7.傳播　□8.自由業　□9.農漁牧　□10.家管　□11.退休

□12.其他＿＿＿＿＿＿＿＿＿＿＿＿＿＿＿＿＿＿＿＿

您從何種方式得知本書消息？

□1.書店　□2.網路　□3.報紙　□4.雜誌　□5.廣播　□6.電視

□7.親友推薦　□8.其他＿＿＿＿＿＿＿＿＿＿＿＿＿＿＿＿

您通常以何種方式購書？

□1.書店　□2.網路　□3.傳真訂購　□4.郵局劃撥　□5.其他

您購買本書的原因是（單選）

□1.封面吸引人　□2.內容豐富　□3.價格合理

您喜歡以下哪一種類型的書籍？（可複選）

□1.科幻　□2.魔法奇幻　□3.恐怖　□4.偵探推理

□5.實用類型工具書籍

也可線上填寫回函卡喔！請掃QRcode：

當您同意填寫本回函卡時，您同意【奇幻基地出版】（城邦文化事業股份有限公司）及城邦媒體出版集團（包括英屬蓋曼群島商家庭傳媒股份有限公司城邦分公司、書虫股份有限公司、墨刻出版股份有限公司、城邦原創股份有限公司），於營運期間及地區內，為提供訂購、行銷、客戶管理或其他合於營業登記項目或章程所定業務需要之目的，以電郵、傳真、電話、簡訊或其他通知公告方式利用您所提供之資料（資料類別C001、C011 等各項類別相關資料）。利用對象亦可能包括相關服務的協力機構。如您有依個資法第三條或其他需要協助之處，得致電本公司(02) 2500-7718。

請於此處用膠水黏貼